유난히 별나게 나타난 과학 쌤의
유별난 과학 시간
1 몸속에서 튀어나온 인체 선생님

초판 1쇄 2025년 3월 25일 ◦ 초판 2쇄 2025년 12월 1일
글 페즐 ◦ 그림 쓰보이 히로키 ◦ 옮김 김윤정 ◦ 감수 사에구사 게이이치로
펴낸이 김윤정 ◦ 편집 고양이 ◦ 디자인 Studio Marzan 김성미
펴낸곳 신나는원숭이 ◦ 출판등록 2024년 3월 4일 제2024-000016호
전화 031-223-0214 ◦ 전자우편 books@funny-monkey.com
인스타그램 @funnymonkey_books ◦ 블로그 blog.naver.com/funnymonkey_books
ISBN 979-11-989121-2-1 73400
제조자 신나는원숭이 ◦ 제조국 대한민국 ◦ 사용연령 8세 이상

JINTAI SENSEI ZUKAN: E DE TANOSHIMU KARADA NO FUSHIGI
illustrated by Hiroki Tsuboi, text by Pezzle, supervised by Keiichiro Saegusa
Copyright © 2024 Hiroki Tsuboi / Pezzle
Original Japanese edition published by PRESIDENT Inc.
Korean translation rights arranged with PRESIDENT Inc.
through The English Agency (Japan) Ltd. and AMO AGENCY
이 책의 한국어판 저작권은 AMO 에이전시를 통해 저작권자와 독점 계약한 신나는원숭이에 있습니다.
저작권법에 의해 한국 내에서 보호를 받는 저작물이므로 무단 전재와 무단 복제를 금합니다.

* 잘못된 책은 구입하신 서점에서 바꿔 드립니다.
* KC마크는 이 제품이 공통안전기준에 적합하였음을 의미합니다. 책 모서리에 다치지 않게 주의하세요.

추천의 글

인체에 관한 호기심을 풀어 줄 열쇠

매일 성장하고 있는 어린이들은 몸의 변화에 무척 관심이 많습니다. 스스로 몸을 관찰하기도 하고 물어보기도 하면서, 명확하게 과학적인 답을 구하고 싶어 할 때도 있지요.

이럴 때 어린이의 시각에 맞춰 쉽게 풀어낸 책이 호기심을 해결하는 데에 큰 도움이 됩니다. 이 책은 복잡하고 어려울 수 있는 우리 몸의 구조와 기능을 간결하게 정리해 어린이들이 스스로 읽고 해석할 수 있게 풀었습니다.

어린이들의 질문도 인상적입니다. '똥에선 왜 고약한 냄새가 날까?', '머리가 좋은 사람은 뇌도 무거울까?' 등 어른이 보기엔 엉뚱해 보일 수 있지만 어린이라면 '어, 나도 궁금했는데!'라고 생각할 만한 질문들입니다. 게다가 '엉덩이 쌤의 대단한 장 이야기'에서는 최근 학회에서 화제가 되고 있는 '장과 장내 세균' 이야기를 다루고 있어 흥미롭습니다.

몸의 구조와 변화, 기능에 관해 올바르게 이해하고, 좋은 식습관과 생활 습관이 필요하다는 것을 깨닫는 건 참 중요합니다. 어린이들이 '유난히 별나게 나타난 과학 쌤의 유별난 과학 시간' 시리즈를 통해 재미있게 과학 지식을 쌓아 가길 바랍니다.

소아청소년과 의사
최민정

과학을 배우기 시작한 어린이들에게

　과학을 학습할 때 호기심은 무척 중요합니다. 질문은 과학 탐구의 출발점이기 때문입니다. '유난히 별나게 나타난 과학 쌤의 유별난 과학 시간' 시리즈는 흥미로운 질문으로 이야기를 시작해 호기심을 자극합니다. 첫 권의 주제 '인체'는 어린이들이 탐구하기 좋은 주제입니다. 키가 자라고 몸무게가 느는 동시에 마음도 훌쩍 자라면서 궁금한 것들이 많아지니까요.

　이 책은 일상생활 속에서 어린이가 궁금해할 만한 질문을 중심으로 구성했고, 답변에는 반드시 알아야 할 지식이 들어가 있습니다. 소화 기관, 순환 기관, 감각 기관, 운동 기관 등 인체 캐릭터들 하나하나가 바쁘게 움직이며 각 기관이 뇌와 어떻게 연결되어 있는지도 빠짐없이 설명해 줍니다.

　이렇게 질문에 답을 하나하나 찾다 보면 어린이 스스로 우리 몸에 관해 많은 것을 알게 될 것입니다. 이 책이 과학을 배우기 시작한 어린이들에게 좋은 길을 열어 주길 기대합니다.

정신건강의학과 의사
전진용

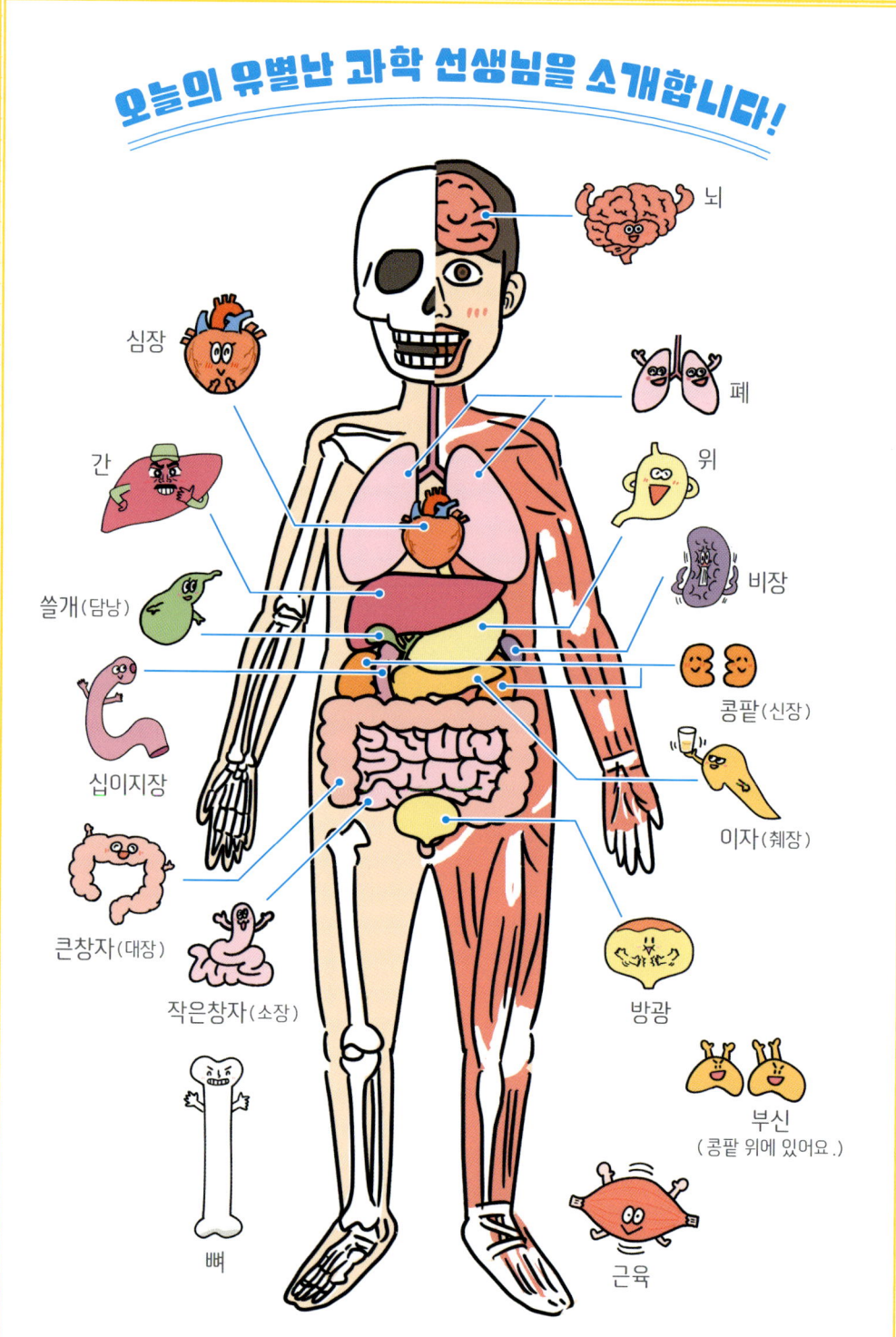

 머리카락
 눈
 눈물샘
 코
 귀

 반고리관
 입
 혀
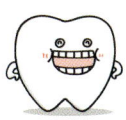 이
 침

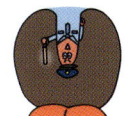 목젖
 피
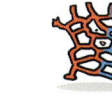 모세 혈관
 동맥
 정맥

 손
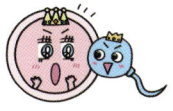 난자와 정자
 세포
 신경
 손톱

 그리고 똥

너희 몸속에서 무슨 일이 일어나는지 하나씩 알려 줄게! 출발!

차례

추천의 글

오늘의 유별난 과학 선생님을 소개합니다!

1교시   음식물이 여행하는 소화 기관

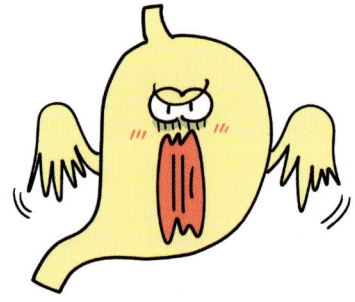

1. 맛을 느끼는 곳은 어디일까? 14
2. 왜 꼭꼭 씹어 먹어야 하지? 16
3. 목젖은 왜 있는 거야? 18
4. 위는 어떤 일을 할까? 20
5. 위는 얼마나 클까? 22
6. 위를 통과한 음식은 어디로 갈까? 24
7. 소화된 음식의 영양분은 어디서 흡수해? 26
8. 작은창자는 얼마나 길까? 28
9. 흡수된 영양분은 곧장 몸에서 쓸 수 있을까? 30
10. 똥은 어디에서 만들어질까? 32
11. 똥에선 왜 고약한 냄새가 날까? 34
12. 도대체 방귀의 정체가 뭐야? 36
13. 무엇이 오줌으로 변하는 걸까? 38
14. 왜 추울 때 오줌이 더 마렵지? 40
15. 먹고 나서 바로 운동하면 왜 배가 아플까? 42

★ 엉덩이 쌤의 대단한 장 이야기 1 똥도 약이 될 수 있다? 44

2교시 몸속에서 돌고 도는 피

16. 피를 만드는 곳은 어디야? **46**
17. 피는 몸속을 돌아다니며 어떤 일을 할까? **48**
18. 사람의 피는 왜 빨간색일까? **50**
19. 혈관의 두께는 어느 정도일까? **52**
20. 심장은 하루에 몇 번이나 뛸까? **54**
21. 피는 어떻게 멈추지 않고 흐를 수 있어? **56**
22. 공기를 마시지 않으면 정말 살 수 없을까? **58**
23. 들숨이랑 날숨은 뭐가 달라? **60**
24. 왜 추우면 손이랑 발부터 차가워지지? **62**
25. 부끄러울 때 얼굴이 빨개지는 이유는? **64**
26. 무서울 때에는 왜 얼굴이 새파래지지? **66**
27. 오랫동안 무릎 꿇고 앉아 있으면 왜 발이 저릴까? **68**
28. 피는 빨간데 혈관은 왜 파랗게 보일까? **70**

★ 엉덩이 쌤의 대단한 장 이야기 2 장 속에 사는 세균들의 속사정 **72**

3교시 느낌을 정보로 바꾸는 감각 기관

29. 왜 슬플 때 눈물이 나오지? **74**

30. 왜 사람은 눈을 계속 깜박일까? 76

31. 빙글빙글 돌다 멈춰도 어지러운 이유는? 78

32. 전화나 영상 속에서 자신의 목소리가 낯설게 들리는 이유는? 80

33. 코털은 왜 있는 거지? 82

34. 손가락으로 코를 막으면 왜 목소리가 이상해질까? 84

35. 충치는 왜 생기는 걸까? 86

36. 왜 입술은 불그스름해? 88

37. 추울 때 털이 일어나는 이유는? 90

38. 머리가 좋은 사람은 뇌가 무거울까? 92

39. 어른이 되면 뇌도 커질까? 94

★ 엉덩이 쌤의 대단한 장 이야기 3 장이 우리 몸을 지배한다? 96

4교시 이리저리 움직이는 뼈와 근육

40. 우리 몸속의 뼈는 모두 몇 개일까? 98

41. 가장 길고 큰 뼈는 어디지? 100

42. 어린이는 왜 키가 자라는 거지? 102

43. 근육이라는 건 뭘까? 104

44. 어른들은 왜 어깨가 뻐근하다고 하지? 106

45. 근육통이 뭐야? 108

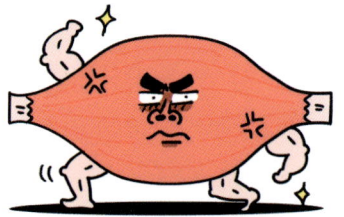

46. 어떻게 하면 근육이 단단해질까? 110

47. 왜 추우면 몸이 덜덜 떨리지? 112

48. 운동 신경이라는 건 뭘까? 114

★ 엉덩이 쌤의 대단한 장 이야기 4 뇌는 장에서 태어났다고? 116

5교시 더 궁금한 사람!

49. 손톱과 발톱은 무엇으로 만들어질까? 118

50. 왜 머리에만 털이 많은 걸까? 120

51. 머리카락은 한 달에 얼마나 자랄까? 122

52. 침은 꼭 필요한 걸까? 124

53. 어린이의 이는 왜 빠지는 걸까? 126

54. 왜 어린이는 술을 마시면 안 될까? 128

55. 손 씻기랑 양치질이 정말로 도움이 될까? 130

56. 죽는다는 건 뭘까? 132

57. 아기는 어떻게 생길까? 134

58. 왜 의지랑 상관없이 하품이 나오는 거지? 136

59. 어린이는 꼭 일찍 자야 할까? 138

60. 왜 꿈을 꾸는 걸까? 140

♣ 초등학교 교과서와 함께 읽어요! 142

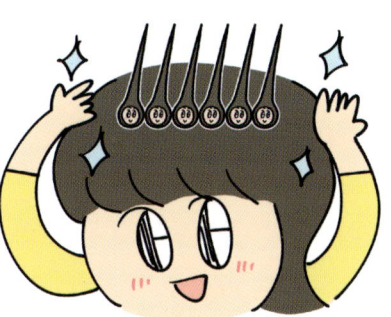

일러두기
* 이 책에서 설명하는 인체 기관의 크기, 길이, 무게 등은 사람마다 다를 수 있습니다.

음식물이 여행하는 소화 기관

맛을 느끼는 곳은 어디일까?

➡ **혀와 코 둘 다야!**

혀의 표면에는 '미뢰(맛봉오리)'라는 기관이 빽빽하게 자리하고 있어서 음식의 맛을 느낄 수 있어요. 그렇지만 혀의 감각만으로 맛을 판단하는 건 아니에요. 씹는 느낌(식감), 온도, 냄새 등 여러 감각을 함께 살펴서 뇌가 맛을 판단하죠. 그러니 코도 맛을 느끼는 데 한몫하는 거예요. 코가 막혀서 냄새를 제대로 못 맡게 되면 어떤 맛인지 정확히 알기 힘들 정도지요.

혀는 맛을 느끼는 일 말고도 입속에서 음식을 섞거나 목으로 넘기는 일도 해요. 발음할 때도 중요한 역할을 하지요.

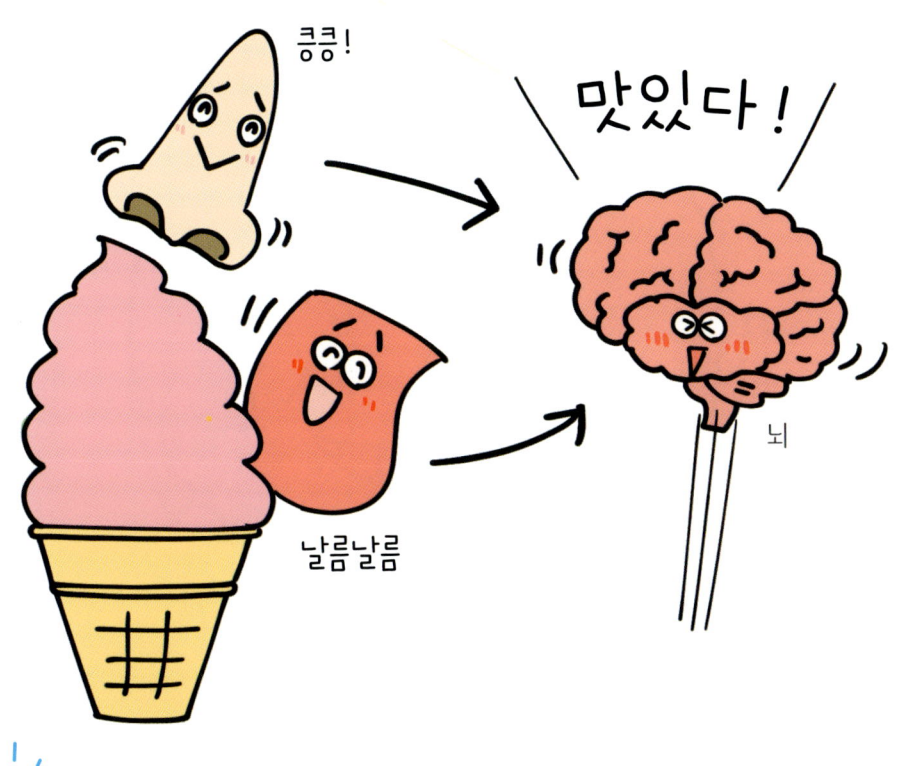

하나 더!

미뢰는 입안과 목구멍에도 있어요. 그러니까 혀가 아닌 부분에서도 맛을 느낄 수 있다는 말씀!

왜 꼭꼭 씹어 먹어야 하지?

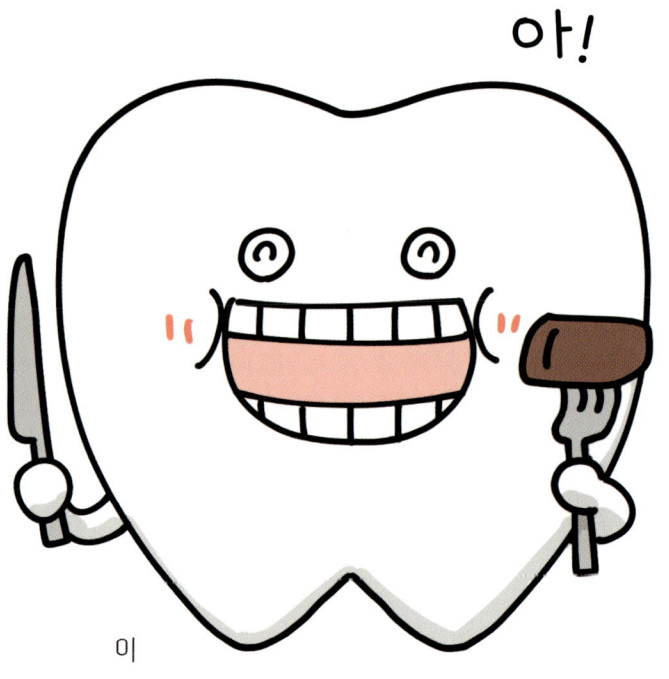

➡ **그렇게 해야 다 좋아지니까.**

어른들에게 "꼭꼭 씹어 먹어야지!"라고 혼난 적이 있나 보네요. 오늘도 귀찮다고 대충 씹고 꿀꺽 삼킨 건 아니지요?

음식을 꼭꼭 씹어서 먹으면 몸에 좋은 점이 정말 많아요. 일단 잘게 부수어 삼킨 음식은 위에서 쉽게 녹일 수 있어요. 그만큼 영양소 흡수도 잘되고요. 소화가 잘되면 몸속에 찌꺼기도 거의 남지 않아 큰창자(대장)에서 나쁜 가스가 생기지 않지요. 게다가 영양소가 몸속에 제대로 흡수되면 뇌에 엄청난 에너지를 전달하니까 머리도 좋아지겠죠!

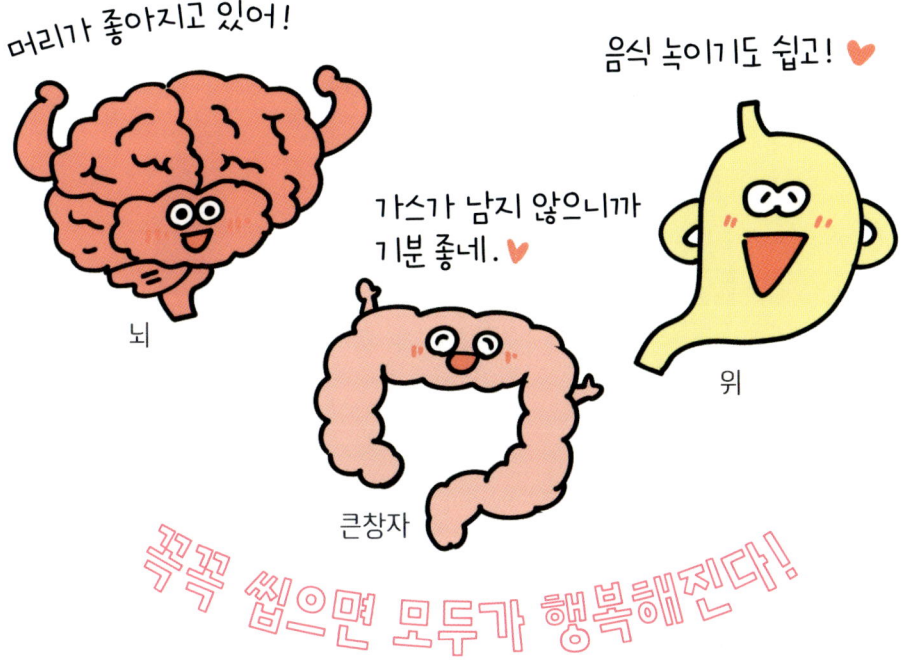

꼭꼭 씹어 먹으면 배부르다는 느낌을 잘 알아차려서 과식을 피할 수 있어요.

목젖은
왜 있는 거야?

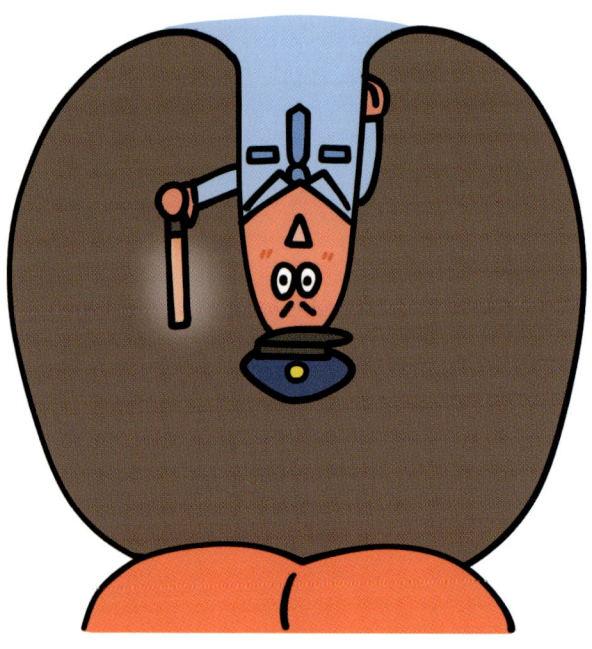

목젖

➡ 코로 연결된 길을 막기 위해서야.

목젖이 꼭 필요한 건지 궁금했군요. 사실 목젖은 생활하는 데 없어서는 안 될 중요한 기관이에요.

목젖은 물이나 잘게 씹은 음식 등이 코로 넘어가지 않도록 코와 연결된 길을 막는 역할을 해요. 그리고 'ㅉ'나 'ㄸ' 같은 된소리를 낼 때, 공기가 코로 빠지지 않게 막아 주지요. 된소리 발음을 할 때마다 목젖을 생각해야겠어요. 하지만 잠을 잘 때 목젖이 공기가 지나가는 길을 막으면 드르렁드르렁 코를 골게 된답니다.

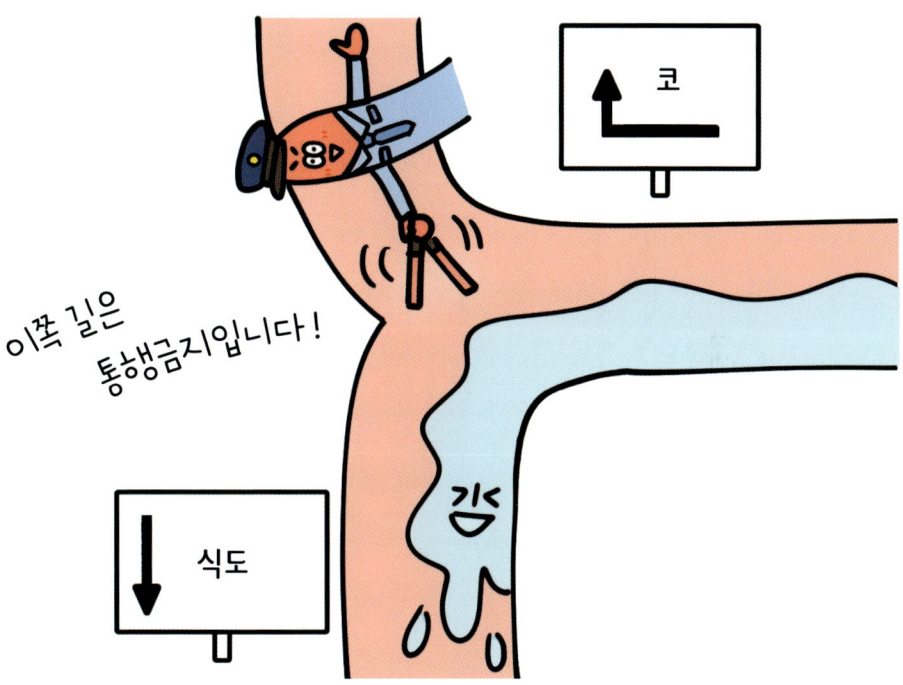

하나 더!

목젖을 전문적으로 '구개수'라고 불러요. 근육으로 되어 있어서 늘었다 줄었다 하지요.

위는 어떤 일을 할까?

위

➡ 흐흐, 음식을 흐물흐물하게 만들지.

우리가 삼킨 음식이나 물은 식도를 통해 위로 이동해요. 음식물을 맞이한 위에서는 '위액'이라는 소화액이 나와 고기나 두부 등 단백질을 흐물흐물하게 녹이지요. 위액은 철을 녹일 정도로 강력해서 음식에 들어 있는 나쁜 세균까지 소독해 줘요.

하루에 분비되는 위액의 양은 약 2리터(L)예요. 철도 녹이는 강력한 위액이 그렇게 많이 나와도 위가 상하지 않냐고요? 걱정하지 마세요. 위 안쪽 벽을 덮고 있는 끈적끈적한 점액이 위를 보호해 주니까요.

하나 더!

위벽 점액의 양이 줄어들면 위액이 위를 상하게 해서 위궤양 같은 병에 걸릴 수 있어요.

위는 얼마나 클까?

➡ 어린이 주먹 2개 정도의 크기야.

위는 무척 잘 늘어나요. 평소에는 크기가 주먹 2개만 하지만 음식이 들어오면 무려 20~30배나 커져요. 그리고 음식과 위액이 잘 섞이도록 늘었다 줄었다 하면서 활발하게 움직인답니다. 그렇게 하면 위에서 소화된 음식들이 아래로 잘 내려갈 수 있지요.

하나 더!

배 속에서 나는 '꾸르륵!' 소리는 위가 쪼그라들면서 그 안에 있던 공기가 장으로 내려가는 소리예요.

위를 통과한 음식은 어디로 갈까?

손가락이 12개?

십이지장

➡ **십이지장으로 가지.**

십이지장이라는 이름은, '손가락 12개를 나란히 늘어놓은 것과 같은 길이의 장'이라는 뜻이에요. 하지만 실제로는 그보다 조금 더 길어요.

위에서 소화된 음식물이 십이지장으로 내려가면 쓸개즙과 이자액이 출동해요. 쓸개즙과 이자액은 소화된 음식물을 분해해 주는 소화액이에요. 쓸개즙은 간에서 만들어서 쓸개(담낭)에 저장하고, 이자액은 이자(췌장)에서 만들어요. 쓸개즙과 이자액이 십이지장에서 음식을 한 단계 더 소화시켜 주지요.

쓸개   이자

이자는 혈액 안에 있는 당분(혈당)을 조절하는 역할도 해요.

소화된 음식의 영양분은 어디서 흡수해?

작은창자

➡ **작은창자야.**

음식물은 위와 십이지장을 통과하면서 죽처럼 흐물흐물해져요. 그 상태로 작은창자(소장)까지 이동하면, 작은창자가 필요한 것만 쏙쏙 흡수하죠. 작은창자의 안쪽 벽에는 주름이 자글자글하게 있고, 그 주름에는 '융모'라는 돌기가 빽빽하게 자리하고 있어요. 작은창자는 바로 이 융모를 활용해서 영양분과 수분을 흡수해요. 가느다란 털처럼 생긴 융모가 되도록 많은 음식물과 접촉해서 쉽게 영양분을 흡수한답니다.

내가 다 녹일게!

꿀렁꿀렁

위

내가 다 흡수할게!

쫘악 —

십이지장도 사실은 작은창자의 일부분이에요. 작은창자에서 위와 연결되는 부분을 십이지장이라고 부르는 거지요.

08

작은창자는 얼마나 길까?

➡ **놀라지 마! 쫙 펴면 약 6~8미터(m)야.**

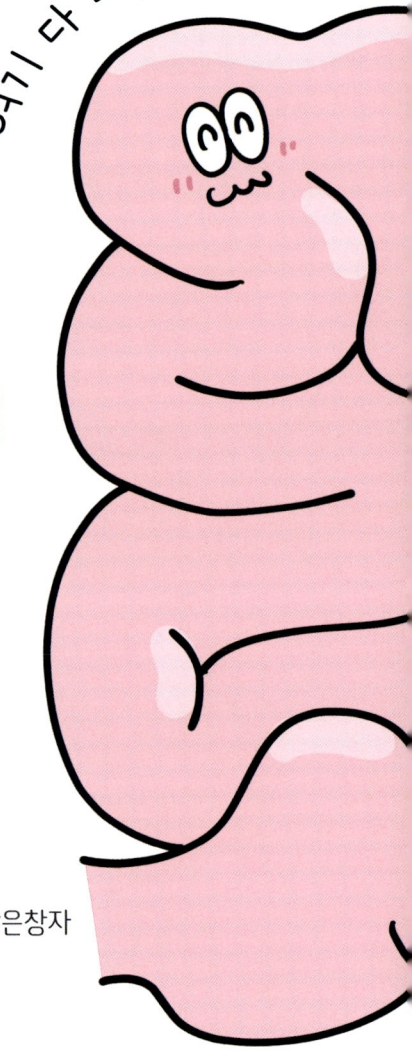

여기 다 나올 수 있나?

작은창자

작은창자는 다행히도 구불구불한 형태로 배 속에 자리하고 있어요. 작은창자 안쪽 벽에는 가느다란 융모가 빼곡하게 있는데, 융모를 꺼내어 전부 늘어놓는다면 아마 테니스 코트 하나는 채울 수 있을 거예요.

작은창자는 세 시간에서 다섯 시간에 걸쳐 늘었다 줄었다를 반복하면서 아주 천천히 소화된 음식물을 흡수해요. 다 흡수하고 남은 가스와 수분 등은 큰창자로 보내지요.

> **하나 더!**
> 작은창자가 늘었다 줄었다 하는 이유는 소화된 음식을 섞거나 큰창자 쪽으로 보내기 위해서예요.

흡수된 영양분은 곧장 몸에서 쓸 수 있을까?

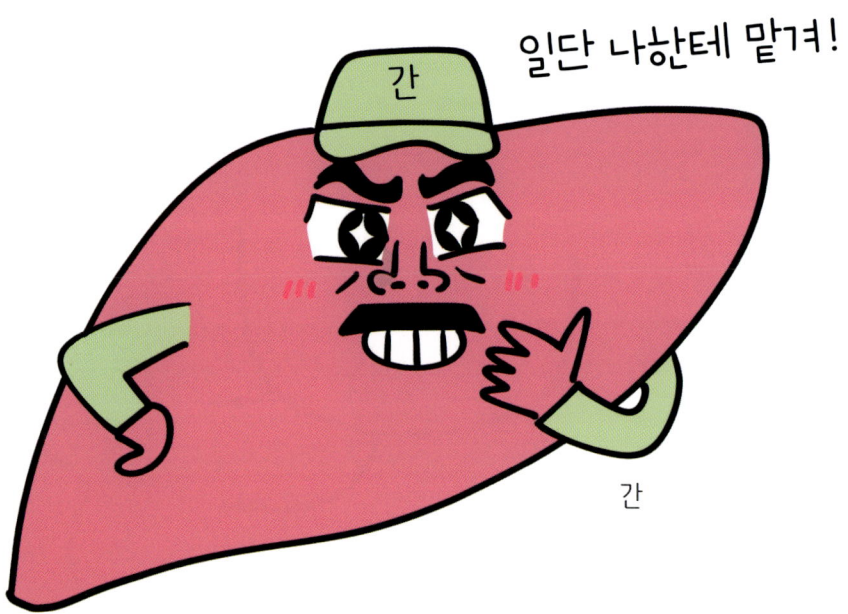

➡ 먼저 간으로 가야 해.

작은창자에서 흡수한 영양분은 대부분 혈관을 통해서 간으로 이동해요. 간은 영양분을 몸에 필요한 물질로 바꾸어 저장해 두었다가 다시 혈관을 통해 온몸으로 내보내요.

그리고 간은 몸속에 있는 해로운 물질을 해독하기도 해요. 오래된 적혈구를 분해하고, 호르몬을 조절하고, 소화에 필요한 쓸개즙을 만드는 등 간이 하는 일은 무려 500가지가 넘는답니다. 특히 화학 반응으로 이루어지는 일이 많아서 간을 '우리 몸의 화학 공장'이라고 부르기도 해요.

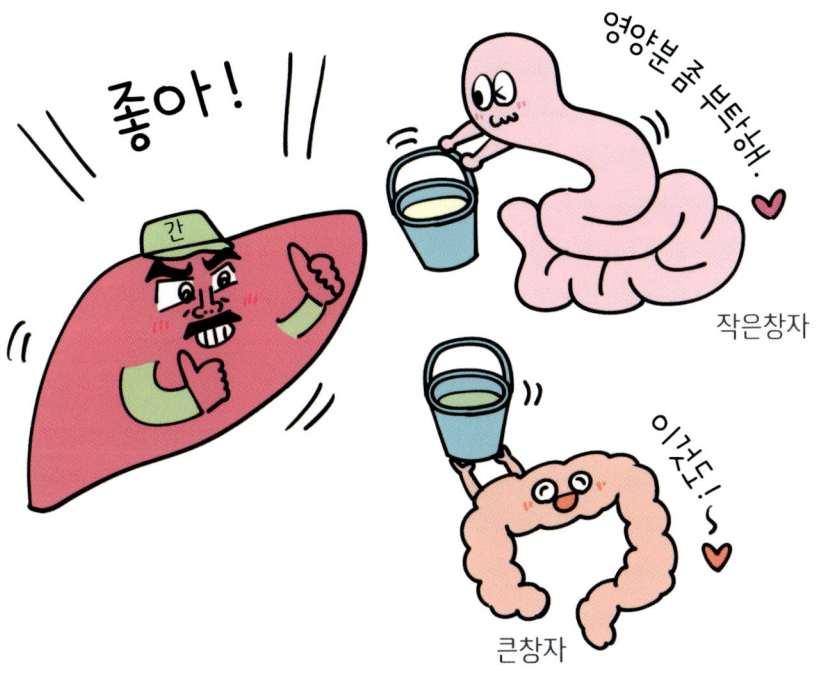

간이 일하는 동안 뿜어내는 열은 사람의 체온을 일정하게 유지하는 데 쓰여요.

똥은 어디에서 만들어질까?

자, 완성됐어요!

큰창자

➡ **큰창자에서 만들지!**

큰창자는 길이가 약 1.5미터로, 작은창자보다 짧지만 두꺼워요. 큰창자는 주로 수분을 흡수하는 일을 해요. 작은창자까지 지나온 음식물은 거의 액체 상태로 되어 있어요. 이 음식물이 큰창자를 통과하는 동안 큰창자는 수분을 쭉쭉 흡수하지요. 그러면 남은 음식물은 점점 덩어리로 변해요. 이게 바로 똥이랍니다.

덩어리가 되었다고 하더라도 똥의 75~80퍼센트(%)는 수분으로 되어 있어요. 소화되지 않고 남은 찌꺼기, 큰창자에 있는 세균, 죽은 세균 등도 똥 안에 포함되어 있지요.

똥의 단단한 정도는 수분의 양에 따라 결정돼요. 수분이 많을수록 똥은 말랑말랑해져요.

똥에선 왜 고약한 냄새가 날까?

➡ **큰창자에 있는 해로운 균 때문이야.**

큰창자에는 약 100조 개나 되는 세균이 살고 있다고 해요. 그중에는 우리 몸에 이롭게 작용하는 유익균과 해롭게 작용하는 유해균 등이 있어요.

똥에서 고약한 냄새가 나는 이유는 유해균 때문이에요. 유해균의 먹이는 제대로 소화되지 않고 큰창자까지 운반된 음식물이죠. 유해균이 음식물 안에 남은 단백질과 지방을 분해하면 가스가 나오는데, 그 가스 때문에 똥에서 냄새가 나는 거예요.

아기의 똥에서는 살짝 시큼한 냄새가 나요. 이건 큰창자 안에 유익균이 많기 때문이랍니다.

 하나 더!

똥의 양은 고기를 자주 먹는 나라보다 채소를 많이 먹는 나라 사람들이 더 많다고 해요.

도대체 방귀의 정체가 뭐야?

➡ 내 정체는, 입으로 들어온 공기야!

숨을 쉴 때 들이마신 공기는 폐로 들어가지만, 무언가를 먹거나 마실 때 들어온 공기는 곧장 위로 가요. 그 공기가 위에서 큰창자까지 이동해서 항문으로 나오지요. 그게 바로 방귀랍니다! 방귀에서 냄새가 나는 이유는 큰창자에서 유해균이 내보낸 가스가 섞였기 때문이에요.

그럼 우리는 하루에 방귀를 몇 번 뀔까요? 몸의 상태에 따라 다르긴 하지만, 어른 기준으로 하루에 약 10번 정도 방귀를 뀌어요. 참, 위로 들어온 공기가 입으로 나가면 트림이 돼요.

하나 더!

몸속에 유익균이 늘어나면 방귀의 냄새가 약해져요.

무엇이 오줌으로 변하는 걸까?

➡ **처음엔 피였지.**

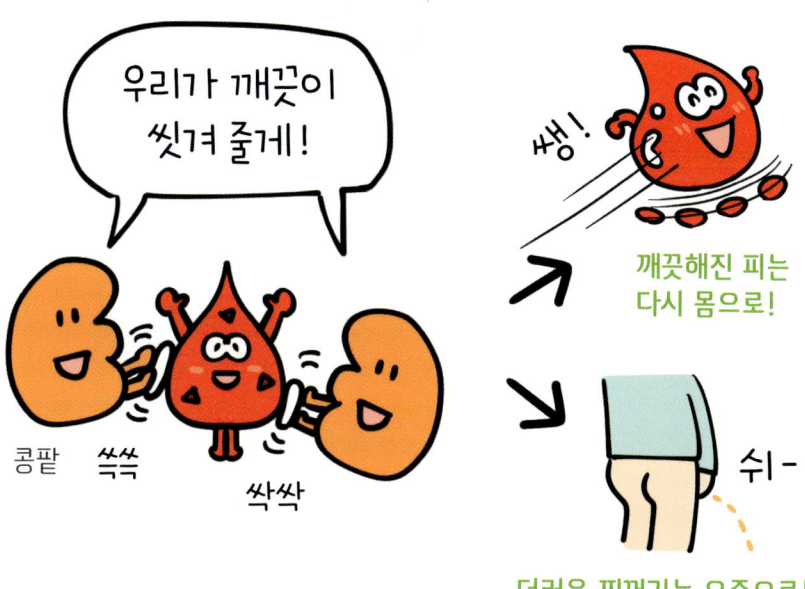

오줌의 정체가 피(혈액)라는 말을 듣고 깜짝 놀랐다고요? 온몸을 돌고 온 피에는 몸 구석구석에서 나온 찌꺼기가 포함되어 있어요. 그 피를 콩팥(신장)에서 걸러 내는 과정에서 오줌이 만들어진답니다.

콩팥은 몸속의 오른쪽에 1개, 왼쪽에 1개가 있어요. 크기는 주먹만 해요. 콩팥은 피에 섞여 있는 노폐물과 필요 없는 수분을 걸러서 내보내는 역할을 해요. 이때 몸 밖으로 나간 액체가 오줌이지요. 오줌은 하루에 어른 기준으로 약 1.5리터가 나온답니다. 콩팥에서 깨끗하게 걸러진 피는 혈관을 통해 다시 온몸으로 이동해요.

콩팥이 내보낸 노폐물과 수분 중에 다시 몸에서 쓸 만한 것이 있다면 피로 되돌아가기도 해요.

왜 추울 때 오줌이 더 마렵지?

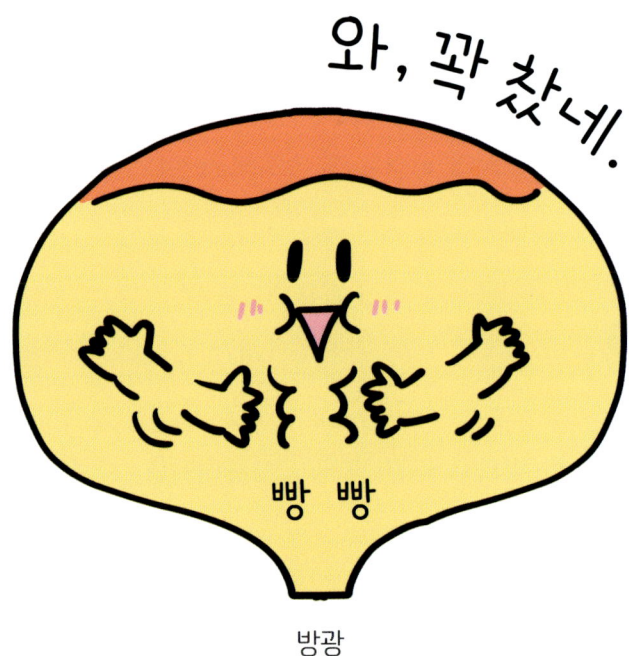

➡ **몸속에 수분이 남기 때문이야.**

추운 날에는 땀을 거의 흘리지 않으니까 몸에 수분이 남아 있어요. 이때 콩팥은 수분을 밖으로 내보내려고 오줌을 더 많이 만들어요. 그러니 추위를 느끼면 금방 오줌이 마려워지는 거예요. 반대로 더울 때에는 땀을 많이 흘리기 때문에 몸속에 수분이 부족해져서 오줌의 양도 줄어들어요.

콩팥에서 내보낸 오줌은 방광에서 저장해요. 오줌이 방광에 약 0.2리터(밥공기 하나 분량) 정도만 모여도 '아, 화장실 가고 싶다.'라고 느낀답니다.

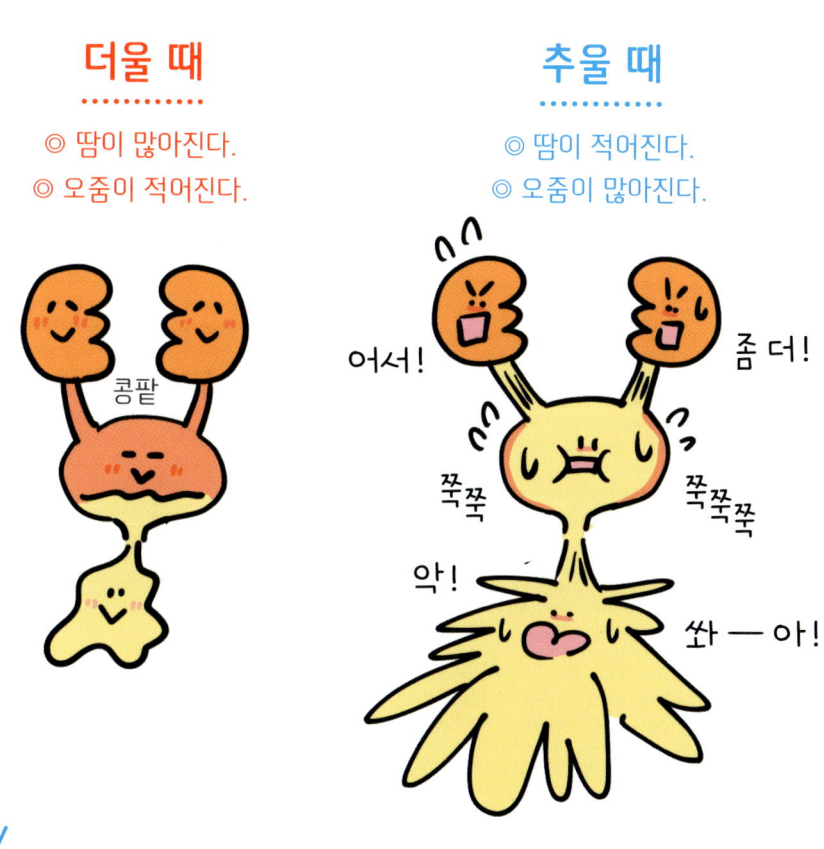

하나 더!

수분이 많이 섞이면 오줌의 색은 연해지고, 수분이 적어지면 오줌의 색도 진해져요.

먹고 나서 바로 운동하면 왜 배가 아플까?

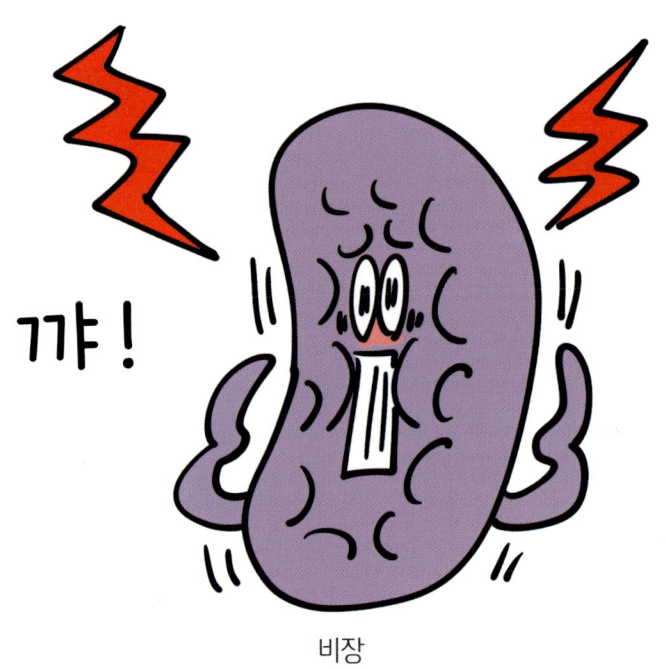

비장

➡ 비장이 오그라들기 때문이야.

위의 왼쪽 뒤에 있는 비장은 주로 피를 모아 두는 역할을 해요. 먹자마자 운동을 할 때 왼쪽 옆구리가 아팠다면 비장을 자극했기 때문이에요.

우리가 밥을 먹으면, 심장에서는 피를 위, 작은창자 등 소화할 때 꼭 필요한 기관으로 먼저 보내요. 이때 갑자기 운동을 하면 심장이 근육으로 피를 충분히 보낼 수 없게 돼요. 그러면 비장은 미리 모아 두었던 피를 내보내기 위해 갑자기 쪼그라들지요. 그래서 통증을 느끼게 되는 거예요.

비장은 오래된 적혈구나 혈소판을 없애는 역할도 해요.

엉덩이 쌤의 대단한 장 이야기 1
똥도 약이 될 수 있다?

똥 하면 '냄새나고 더럽다.'라는 생각만 떠오르나요? 하지만 똥 안에는 냄새나는 가스만 있는 게 아니에요. 좋은 균도 많답니다. 최근에는 병을 치료하는 데 똥을 사용하기도 해요. 정말 놀랍죠?

물론 똥을 그대로 약으로 쓰진 않아요. 건강한 사람의 똥에서 좋은 균만 뽑아내서 아픈 사람의 장에 넣어 주는 시술을 한답니다(꿀꺽 삼키면 되는 캡슐 약도 개발됐어요).

똥에 있는 세균은 어떤 병을 치료할 수 있을까요? 예를 들어 배가 계속해서 아프거나 설사가 멈추지 않는 병에 걸린 경우예요. 이런 병에 걸린 사람은 장 속에 있는 좋은 균과 나쁜 균이 균형을 잃은 상태예요. 좋은 균의 양이 굉장히 줄어든 거지요.

이때 건강한 사람의 똥에서 뽑아낸 좋은 균을 장에 넣으면, 환자의 장 속에서 좋은 균이 서서히 늘어나면서 나쁜 균과 균형을 맞춰 나가요. 이런 원리로 병을 치료하는 거지요. 그래서 최근에는 건강한 사람의 똥을 모아서 보존하는 곳까지 생겼답니다. 똥을 미리 준비해 둘 수 있다면 빠르게 약으로 쓸 수 있기 때문이에요.

그 밖에도 건강한 사람의 똥을 사용해서 음식 알레르기나 아토피를 낫게 하는 연구도 진행되고 있다고 해요. 어쩌면 나중엔 건강한 사람의 똥이 여러 가지 병을 고칠지도 모르겠네요.

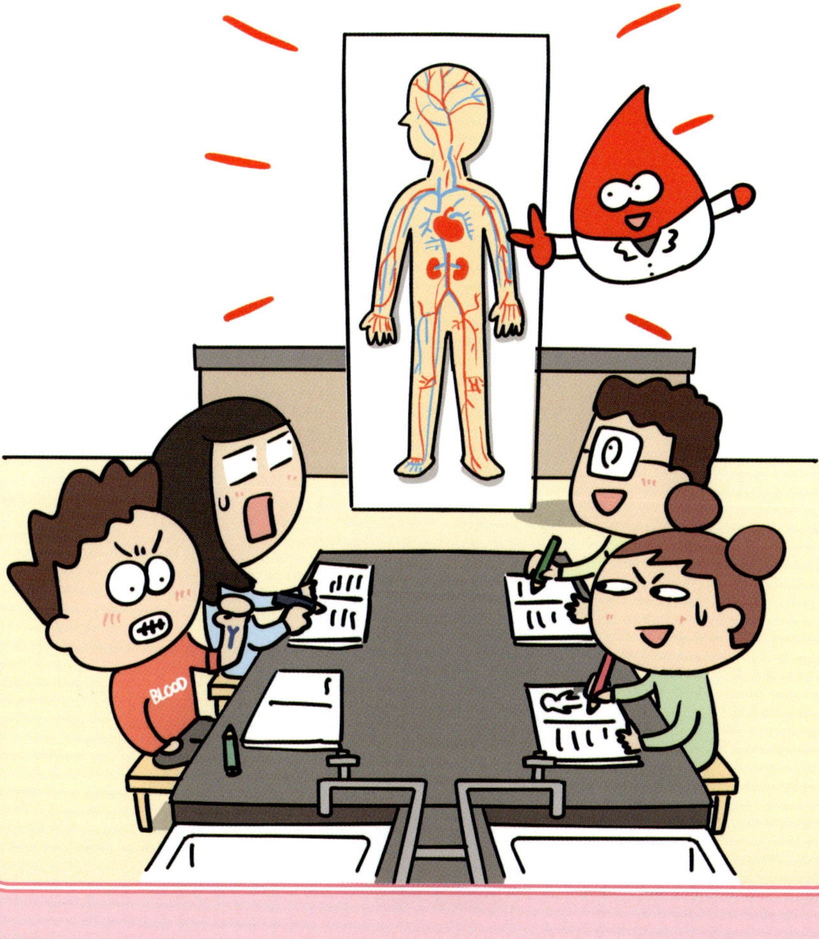

피를 만드는 곳은 어디야?

➡ **뼛속에서 만들지.**

피는 어디서 만들어질까요? 혈관이나 심장이요? 둘 다 아니에요. 피는 뼈 안에 있는 '골수'라는 곳에서 만들어져요. 그다음 뼛속에 있는 혈관을 통해서 온몸으로 운반되지요.

엄마의 배 속에 있는 아기의 피는 처음 3개월 동안 간이나 비장에서 만들어져요. 태어나고 나면 어릴 때에는 거의 모든 뼈에서 피를 만들 수 있어요. 하지만 나이가 많아질수록 피를 만드는 뼈의 수가 조금씩 줄어들지요. 어른이 되면 머리뼈(두개골), 가슴뼈(흉골), 허리 아래 있는 뼈(골반) 등 몇 군데에서만 피를 만들지요.

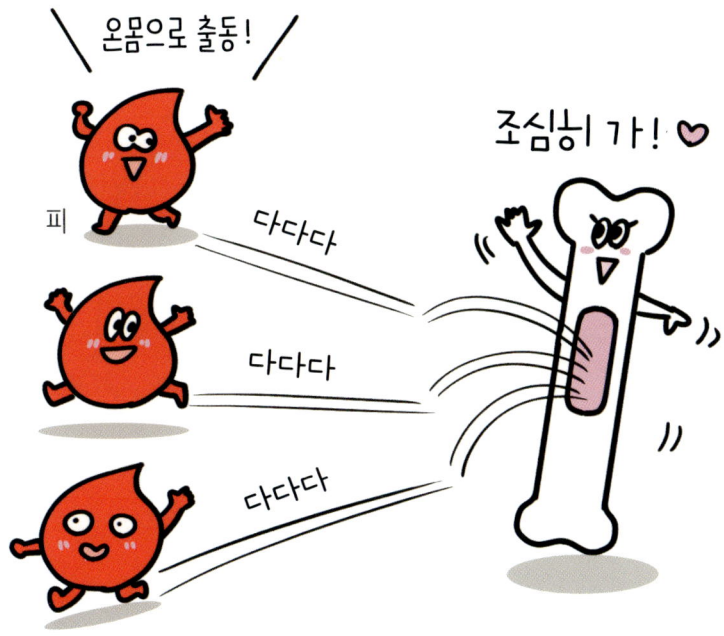

피의 양은 몸무게의 약 8퍼센트예요. 예를 들어 몸무게가 40킬로그램(kg)인 사람의 몸속에는 약 3.2킬로그램의 피가 흐르고 있지요.

피는 몸속을 돌아다니며 어떤 일을 할까?

➡ 중요한 역할 세 가지를 알려 줄게!

피의 역할은 크게 세 가지로 이야기할 수 있어요.

첫째, 운반하는 일을 해요. 피는 산소나 영양분을 온몸으로 실어 날라요. 더 이상 필요 없는 찌꺼기도 몸 밖으로 나갈 수 있도록 운반하지요.

둘째, 우리 몸을 방어해요. 우리가 병에 걸리면 우리 몸을 지키는 역할을 해요. 그리고 상처가 났을 때 세균이 상처를 통해 몸속으로 들어오지 못하게 막아 줘요.

셋째, 체온을 유지해 줘요. 피는 몸속에서 만들어진 열을 온몸 구석구석으로 전달해요. 덕분에 체온이 일정하게 유지되지요.

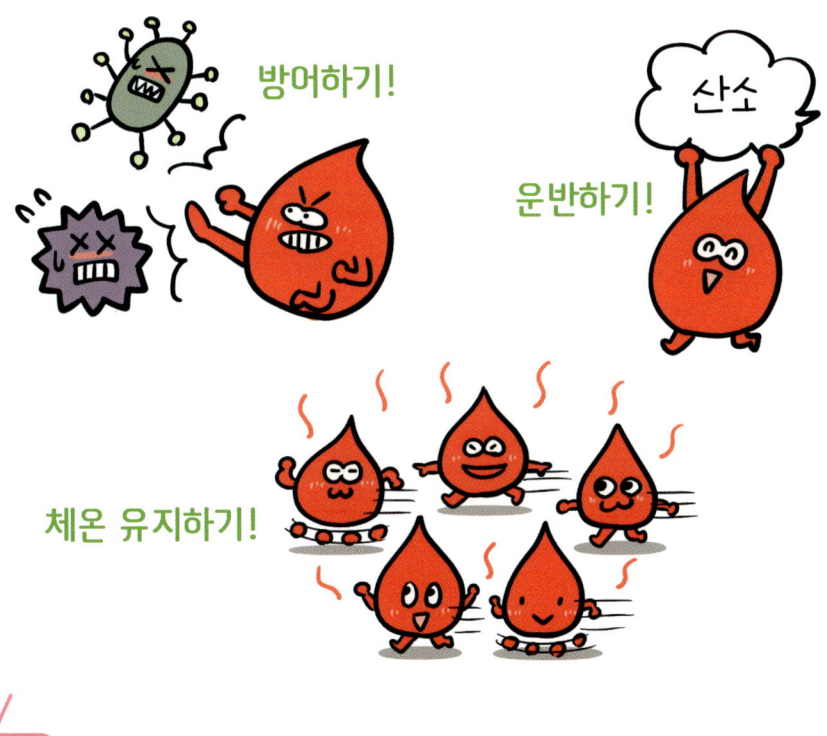

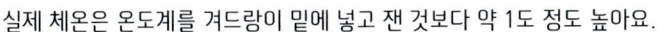

실제 체온은 온도계를 겨드랑이 밑에 넣고 잰 것보다 약 1도 정도 높아요.

사람의 피는 왜 빨간색일까?

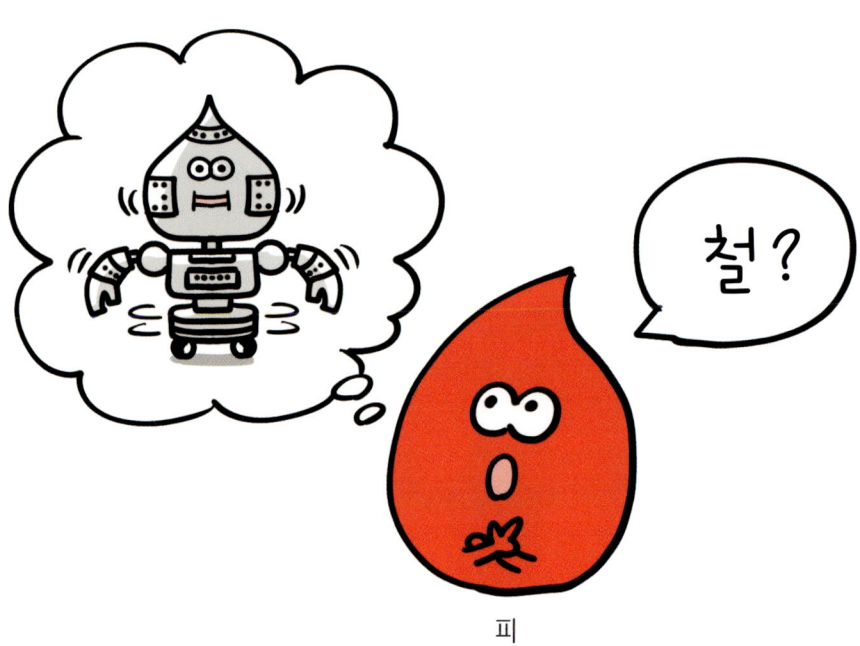

➡ **철이 들어 있기 때문이야.**

피는 적혈구, 백혈구, 혈소판, 혈장으로 이루어져 있어요.

적혈구는 산소를 운반해요. 적혈구에는 철 성분이 들어 있어서 산소와 결합하면 빨간색이 돼요. 사람의 피가 빨간 이유지요.

백혈구는 우리 몸을 지켜요. 종류가 무척 다양해서 어떤 병에 걸렸는지에 따라 그에 맞는 백혈구가 출동해요. 혈관을 다치는 상처가 났을 때에는 혈소판이 나서요. 상처 부위를 막아 출혈을 멈춰 주지요.

혈장은 단백질 등 영양분이 피에 녹아들면 몸 곳곳으로 운반해요. 혈장의 대부분은 수분으로 되어 있어요.

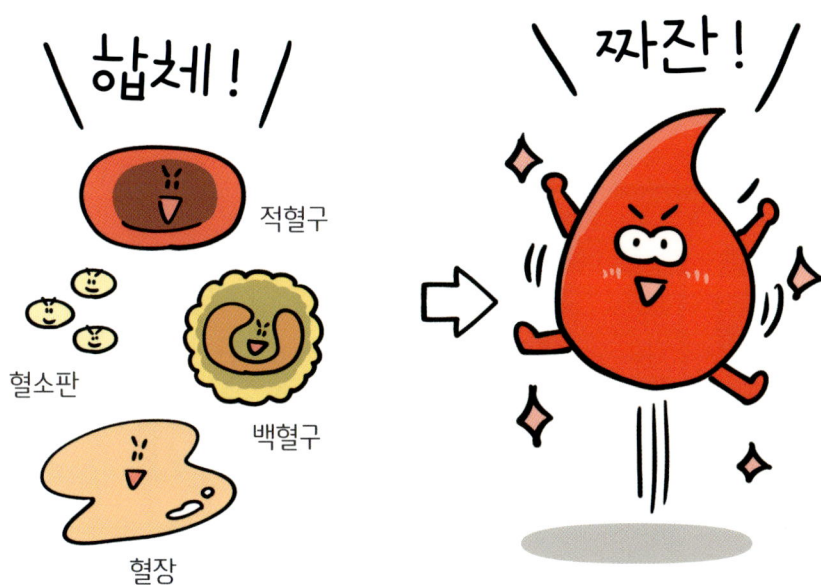

혈액은 약 55퍼센트가 혈장, 약 44퍼센트가 적혈구, 약 1퍼센트가 백혈구와 혈소판으로 이루어졌어요.

혈관의 두께는 어느 정도일까?

➡ **혈관마다 달라.**

혈관의 종류는 크게 동맥, 정맥, 모세 혈관으로 나눌 수 있어요. 각 혈관마다 두께나 길이가 다른데, 척추와 가깝게 지나가는 동맥과 정맥은 꽤 두꺼워서 지름이 3센티미터(cm)나 되는 곳도 있지요.

심장에서 나온 피는 동맥을 통해 온몸으로 출동해요. 동맥에 흐르는 피는 산소와 영양분을 포함하고 있지요. 온몸을 거쳐 심장으로 되돌아오는 피는 정맥을 통해 이동해요. 그래서 정맥에 흐르는 피는 이산화 탄소나 몸에서 나온 찌꺼기를 가지고 있어요.

모세 혈관은 동맥과 정맥을 연결해 주는 가느다란 혈관이에요. 우리 몸 속 혈관의 99퍼센트가 모세 혈관으로 되어 있답니다.

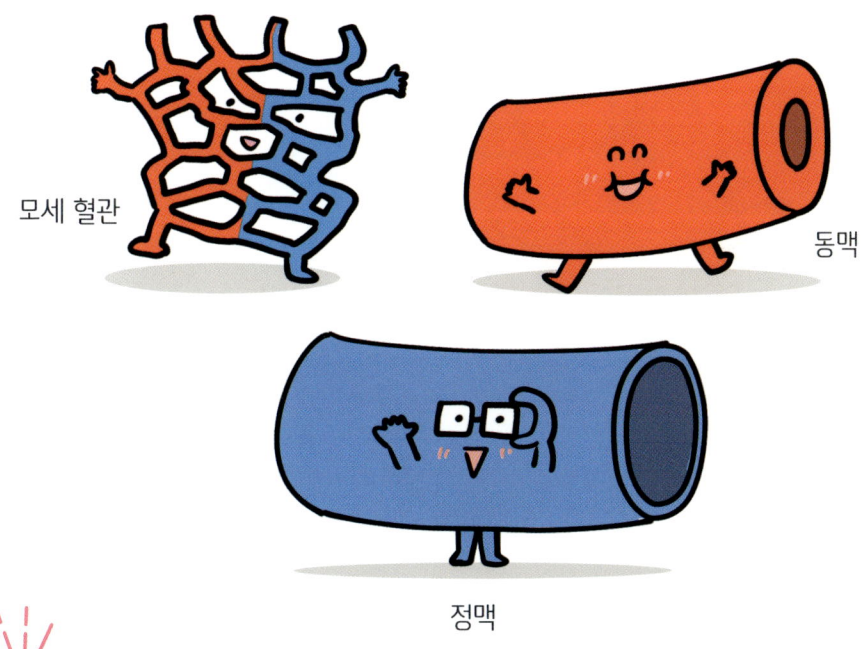

모세 혈관

동맥

정맥

하나 더!
정맥보다 동맥의 혈관 벽이 온도가 더 높아요.

심장은 하루에 몇 번이나 뛸까?

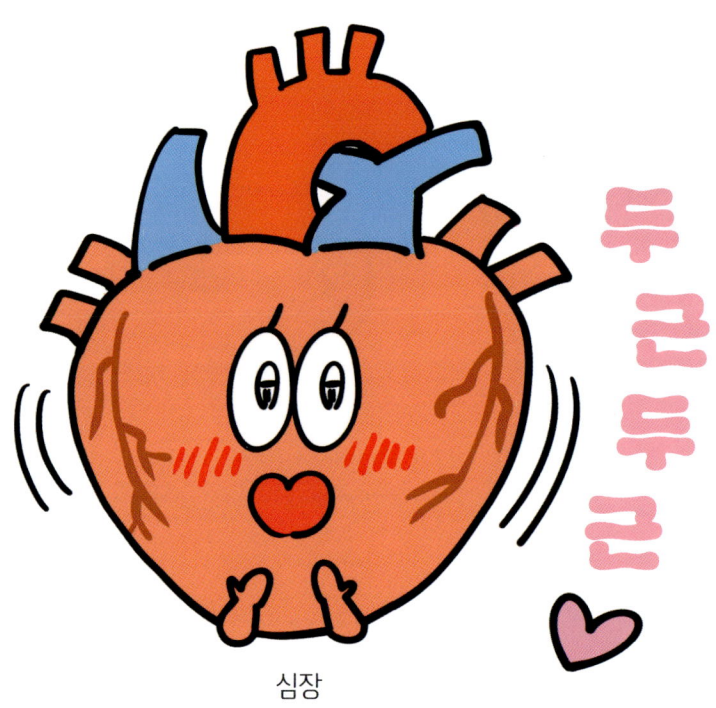

심장

➡ **약 10만 번 뛰어.**

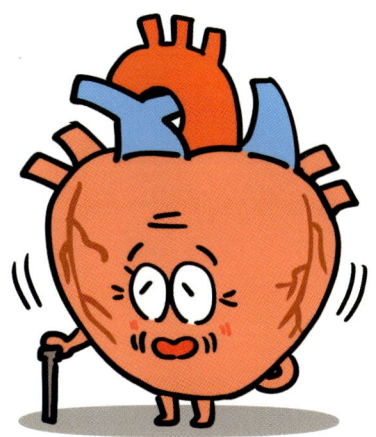

    심장은 하루에 약 10만 번 정도 움직여요. 만약에 매일 딱 10만 번씩 뛰었다고 하면, 1년은 365일이니까 1년에 3650만 번 뛴 셈이네요. 그리고 여든 살이 되었다고 치면…… 심장은 약 29억 2000만 번 뛴 거예요!

    심장이 움직이는 횟수는 나이대에 따라 달라져요. 예를 들어 아기의 심장은 1분 동안 약 130~140번 뛰지만, 어린이는 80~90번 정도, 어른은 60~100번 정도 뛰어요.

    손목에 있는 혈관에 손가락을 올리고 지그시 눌러 1분 동안 몇 번 두근두근 뛰는지 세어 보세요. 이 횟수가 심장이 움직이는 횟수랑 같다고 생각하면 돼요.

심장은 우심방, 우심실, 좌심방, 좌심실 이렇게 4개의 방으로 나뉘어 있어요.

피는 어떻게 멈추지 않고 흐를 수 있어?

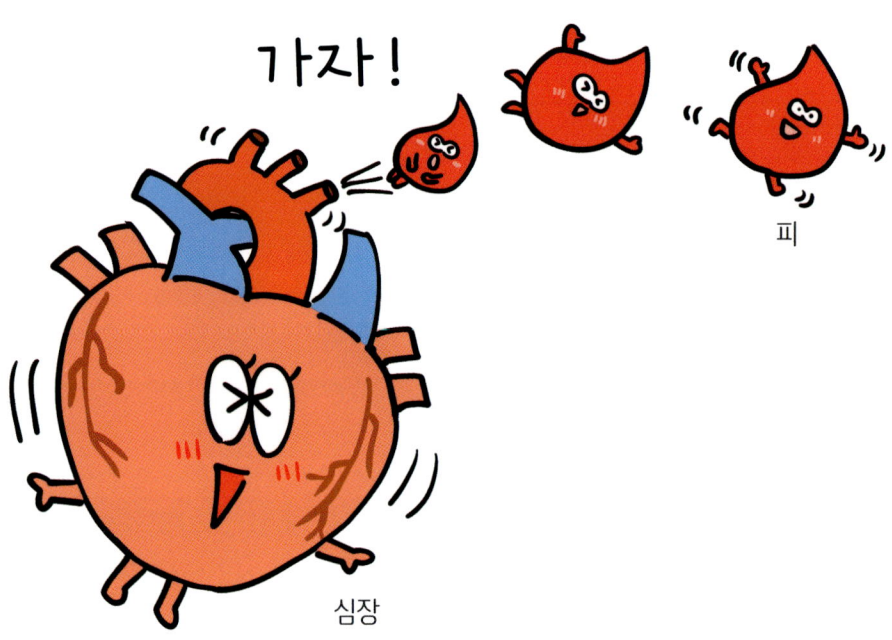

➡ **심장이 펌프 역할을 하기 때문이야.**

심장은 우리가 잘 때에도 쉬지 않고 움직이면서 펌프처럼 피를 내보내요. 심장 밖으로 나온 피는 온몸을 돌아다녀요. 마지막으로 발까지 도착한 피는 심장으로 돌아가기 위해 위로 올라가야 해요. 이때는 종아리 근육이 늘었다 줄었다 하면서 피를 위로 올려 보내요.

심장으로 되돌아간 피는 폐로 이동해요. 폐에서 산소와 영양분을 공급받고, 다시 심장으로 돌아간답니다. 그렇게 멈추지 않고 온몸을 돌고 도는 거지요.

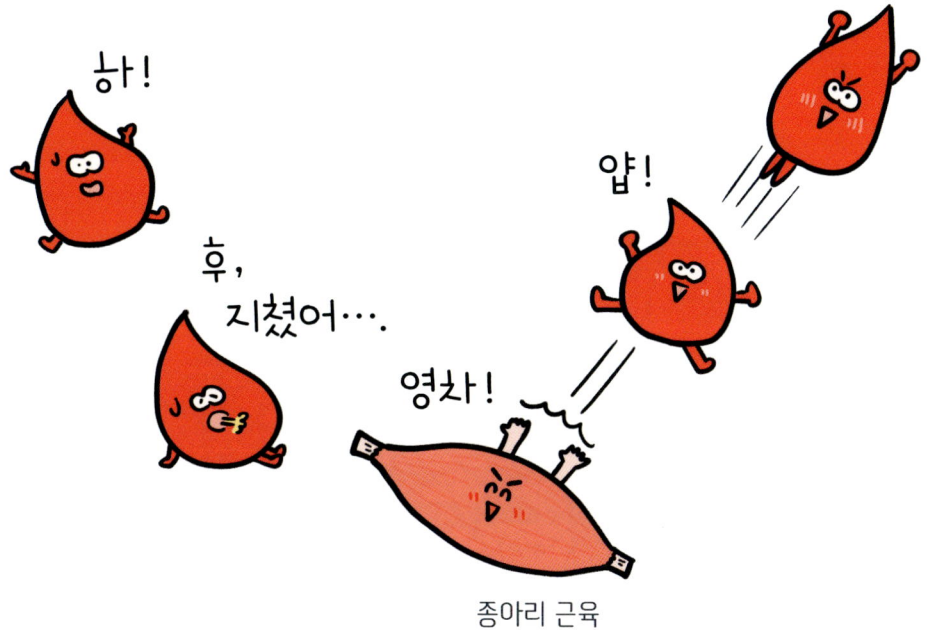

종아리 근육

하나 더!

피는 동맥, 모세 혈관, 정맥 순으로 몸에서 순환해요. 심장까지 되돌아가는 데 30초~1분 정도 걸린답니다.

공기를 마시지 않으면 정말 살 수 없을까?

산소 좀 주세요!

세포

➡ **당연하지. 산소가 없으면 세포가 죽는다고!**

사람의 몸은 세포로 이루어져 있어요. 세포의 크기는 무척 작은데, 아무리 커도 약 0.03밀리미터(mm)밖에 안 된답니다. 그렇게 작은 입자 수십조 개가 모여서 사람의 몸을 구성하고 있어요. 뼈, 근육, 뇌, 위 등 모두 세포로 이루어져 있지요.

세포는 산소가 없으면 우리 몸에서 일을 할 수 없어요. 그래서 사람이 공기를 들이마시면서 산소를 얻는 거예요. 입으로 마신 산소는 폐로 들어가 피를 통해 온몸으로 전달돼요. 만약 뇌세포에 약 3분이 넘도록 산소를 공급하지 못하면 목숨을 잃을 수도 있어요.

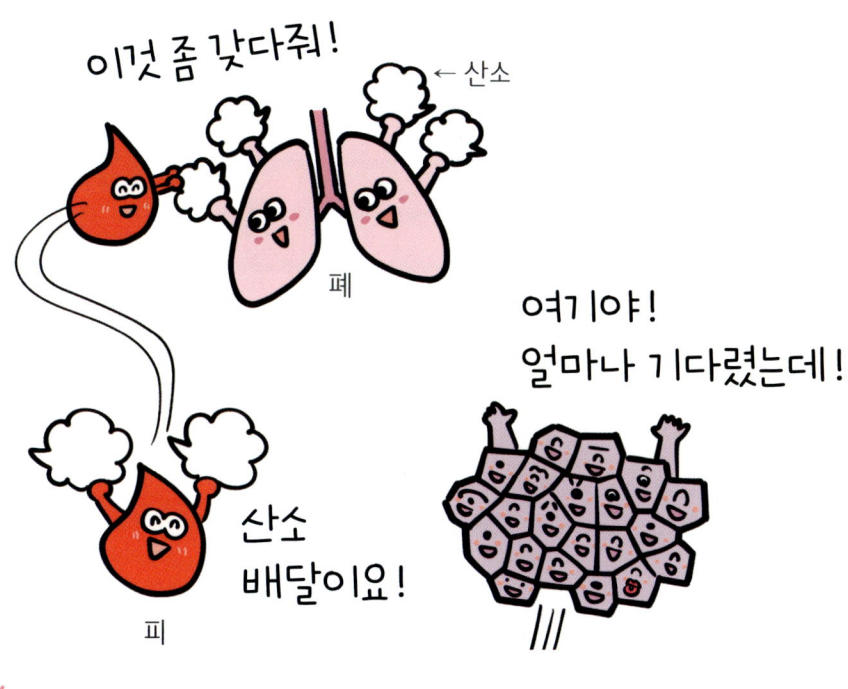

세포의 모양과 크기는 정말 다양해요. 다양한 만큼 역할도 각각 다르답니다.

들숨이랑 날숨은 뭐가 달라?

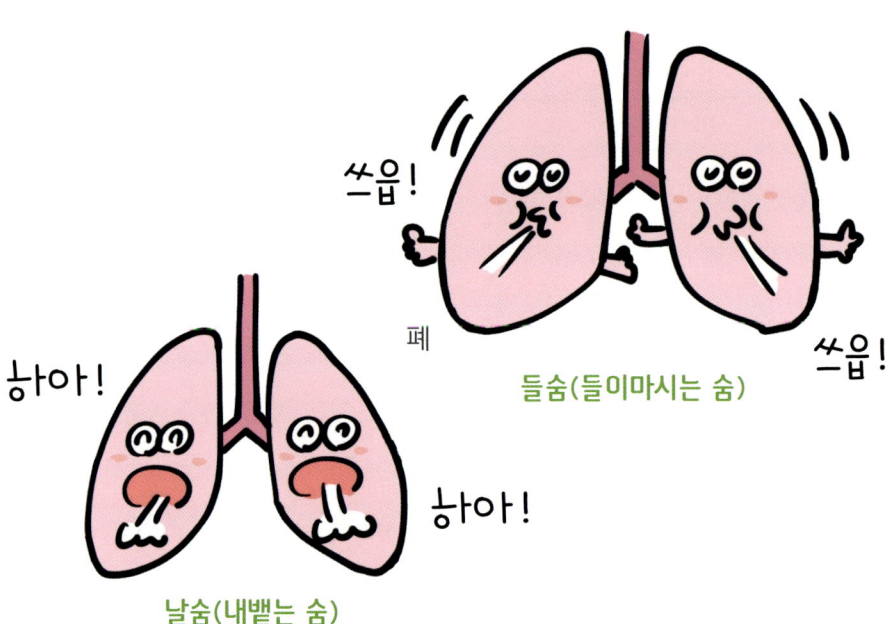

➡ **이산화 탄소와 산소의 양이 달라.**

폐로 들어간 산소는 피를 타고 온몸의 세포로 운반돼요. 세포는 산소를 이용해서 몸에 필요한 에너지를 만드는데, 이때 이산화 탄소를 내보내요. 이산화 탄소는 피를 통해 다시 폐까지 왔다가 입 밖으로 나가지요.

그래서 들숨에는 이산화 탄소가 약 0.04퍼센트 정도 포함되어 있지만, 날숨에는 약 4퍼센트로 늘어나 있어요. 세포가 산소를 쓰기 때문에 산소의 양도 달라져요. 들숨에는 산소가 약 21퍼센트를 차지하지만, 날숨에는 약 17퍼센트만 남는다고 해요.

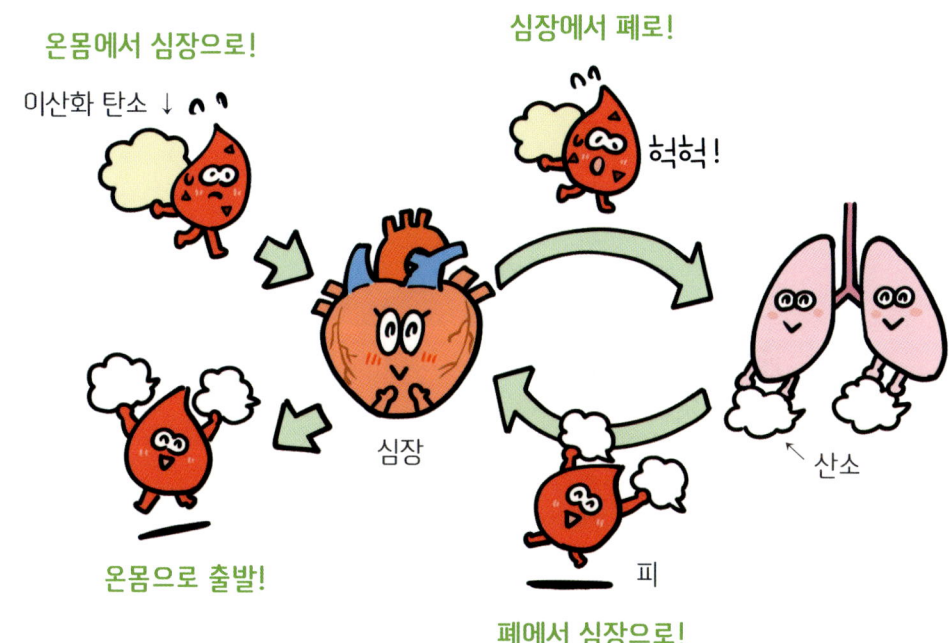

세포는 일정한 시간이 지나 역할을 다하면 죽고 새로운 세포가 생겨나요.

왜 추우면 손이랑 발부터 차가워지지?

➡ 손발보다 먼저 따뜻하게 해 줘야 하는 곳이 있거든.

심장에서 나온 피의 온도는 약 37도예요. 따뜻한 혈액은 온몸을 돌면서 체온을 일정하게 유지해 줘요. 단, 몹시 추운 날은 예외예요. 피가 몸 전체를 돌기 전에 우선 뇌와 내장으로 먼저 가야 하거든요. 뇌와 내장은 온도가 낮아지면 활동이 느려지기 때문이에요.

이때 손이나 발까지 새로운 피가 가지 못하니까 손끝이나 발끝이 시리다고 느끼는 거죠. 손과 발은 우리 몸의 가장 끝부분에 있어서 피가 다다르려면 아주 가느다란 모세 혈관까지 통과해야 해요. 이것도 쉽게 차가워지는 이유 중 하나랍니다.

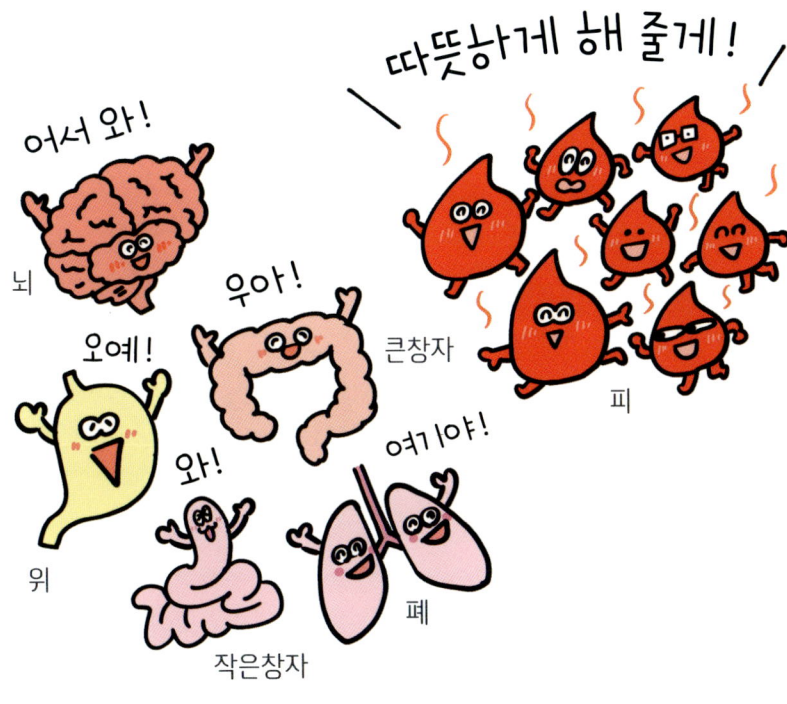

하나 더!

춥다고 느낄 때 몸이 움츠러드는 이유는 차가운 공기와 닿는 부분을 줄이고 열을 가두기 위해서예요.

부끄러울 때 얼굴이 빨개지는 이유는?

➡ **혈관에 흐르는 피의 양이 늘어났기 때문이야.**

부끄럽다는 감정을 느낄 때 '부신'이라는 기관에서는 '아드레날린'이라는 호르몬이 나와요. 이 호르몬 때문에 심장이 뛰는 속도와 호흡이 빨라져요. 그러면 혈관이 넓어지면서 혈관을 통과하는 피의 양도 늘어난답니다. 특히 볼에는 다른 부분보다 혈관이 많아서 쉽게 빨개지는 거예요. 화가 날 때에도 같은 과정을 거쳐 얼굴이 빨개지지요.

부신은 왼쪽 콩팥과 오른쪽 콩팥 위에 각각 하나씩 있어요.

무서울 때에는 왜 얼굴이 새파래지지?

전부 어디로 간 거야….

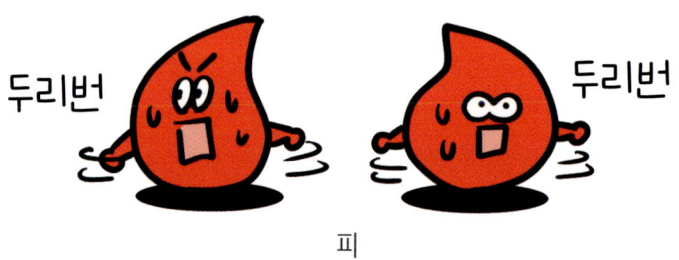

➡ **혈관에 흐르는 피의 양이 줄었기 때문이야.**

무섭다는 감정을 느끼면 뇌는 혈관에 움츠러들라고 명령을 내려요. 그러면 혈관이 좁아지면서 혈관에 흐르는 피의 양이 평소보다 줄어들어요. 이때 얼굴이 새파래지면서 혈색을 잃게 되는 거죠.

그런데 왜 뇌는 혈관을 좁히는 걸까요? 그건 아주 오래전 사람들의 생존과 관계가 있다고 해요. 옛날에는 지금처럼 의학이 발달하지 못했고, 목숨이 위험한 순간도 많았어요. 그래서 무서움을 느낄 때 뇌가 특별히 혈관을 좁혀서 피가 적게 흐르게 하는 거죠. 그러면 혹시나 적에게 상처를 입더라도 피를 전부 쏟아 내지 않을 수 있으니까 그랬다는 이야기가 전해져요.

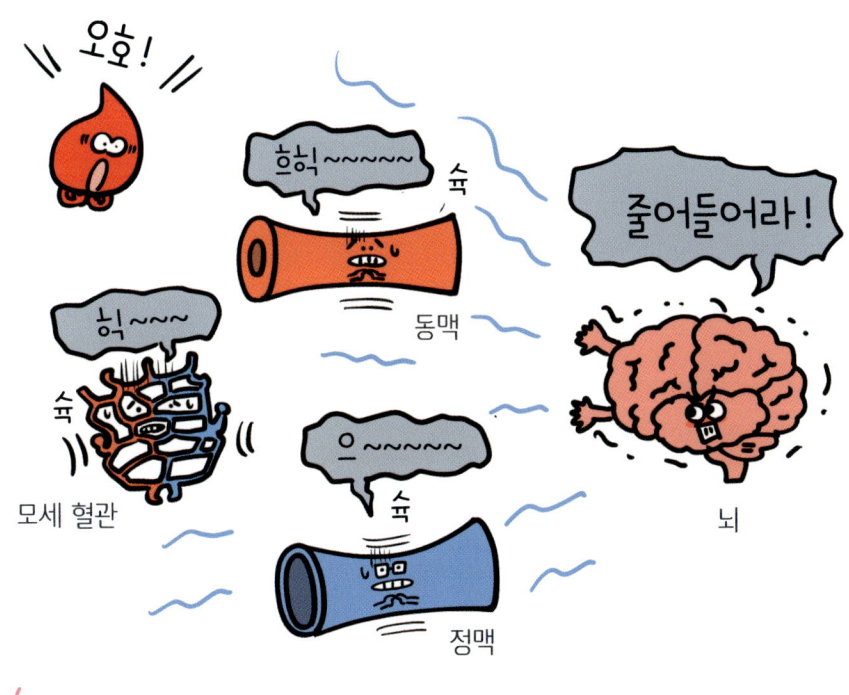

긴장하거나 불안할 때에도 같은 과정을 거쳐 얼굴이 파래져요.

오랫동안 무릎 꿇고 앉아 있으면 왜 발이 저릴까?

신경

➡ **신경이 도와 달라고 신호를 보내는 거야.**

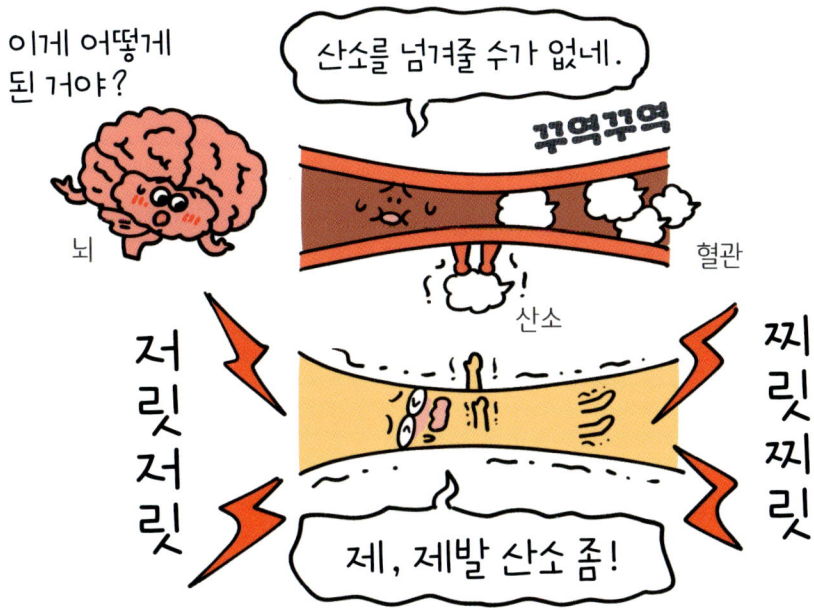

신경은 우리 몸에서 느끼는 감각을 전기 신호처럼 바꿔서 뇌로 전달하고, 뇌에서 내리는 명령을 각 기관에 전달하는 역할을 해요. 또한 피가 전달해 주는 산소를 받기도 해요.

오랫동안 무릎을 꿇고 앉아 있으면 발에 있는 신경은 우리의 몸무게를 견뎌야 해요. 그렇게 혈관이 계속 눌려 있으니 피가 잘 돌지 않겠죠? 그러면 신경은 산소도 뇌에서 오는 정보도 제대로 받지 못해요. 이런 과정 끝에 발이 저리다는 느낌을 받는 거죠. 그러니까 발이 찌릿찌릿해지는 느낌은 '산소가 부족하니 날 좀 도와줘!'라는 신경의 울음소리와 같은 거예요.

신경은 바로 적혈구 속에 있는 산소를 공급받는 거랍니다.

피는 빨간데 혈관은 왜 파랗게 보일까?

원래는 새하얘!

정맥

➡ **눈이 착각을 일으키기 때문이야.**

손목에 불룩 튀어나온 혈관은 대부분 정맥이에요. 사실 정맥 자체는 새하얗답니다. 혈관 벽이 얇은 정맥에 피가 흐를 때 색이 비치면서 진보라색처럼 보이는 거죠. 그런데 눈이 혈관 주변에 있는 손목이나 팔의 피부색도 함께 보면서 착시 현상을 일으켜 정맥이 파랗게 보이는 거예요.

참고로 동맥을 지나가는 피는 산소가 많이 포함되어 있어서 밝은 빨간색이에요. 정맥을 지나가는 피는 이산화 탄소를 많이 가지고 있어서 어두운 빨간색이랍니다.

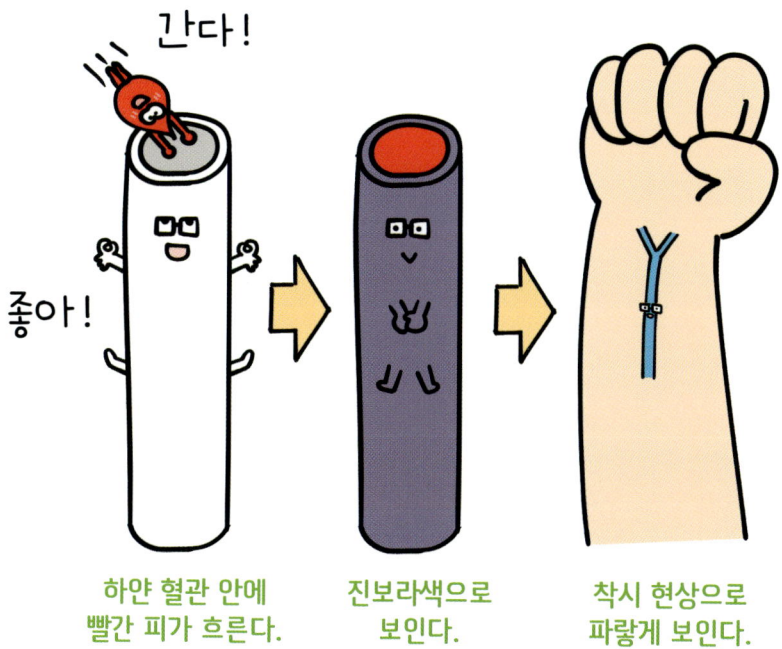

하얀 혈관 안에 빨간 피가 흐른다.

진보라색으로 보인다.

착시 현상으로 파랗게 보인다.

동맥은 대부분 정맥보다 몸속 깊숙한 곳에 자리하고 있어요.

엉덩이 쌤의 대단한 장 이야기 2
장 속에 사는 세균들의 속사정

사람의 몸속에는 수백 종류의 세균이 살고 있어요. 어른 몸속에 있는 세균의 무게를 재면 아마도 2킬로그램쯤 나올 거예요! 이 정도면 사람의 몸은 세균으로 가득하다고 생각해도 되겠네요.

그중에서 가장 세균이 많은 곳은 큰창자(대장)예요. 큰창자에는 약 100조 개나 되는 세균이 있다고 해요. 그 세균은 크게 유익균, 유해균, 기회균으로 나눌 수 있어요.

유익균은 몸에 좋은 영향을 미치는 세균이에요(큰창자 속 세균의 약 20퍼센트). 장의 건강 상태를 조절하는 비피두스균과 유산균 등이 유익균에 속해요.

유해균은 몸에 나쁜 영향을 미치는 세균이에요(큰창자 속 세균의 약 10퍼센트). 식중독을 일으키는 황색 포도상 구균 등이 유해균에 해당해요.

기회균은 유익균도 유해균도 아닌 세균이에요(큰창자 속 세균의 약 70퍼센트). 박테로이데스 등이 대표적인 기회균이에요. 장에 유익균이 많으면 유익균 쪽으로, 유해균이 많으면 유해균 쪽으로 활동하는 성격을 띠고 있어요. '기회주의'라는 말이 '어떤 일을 할 때 자신에게 이로운 쪽에만 붙으려고 하는 모습'을 뜻하니까 '기회균'이라는 이름이 정말 딱 들어맞네요.

3교시
느낌을 정보로 바꾸는 감각 기관

왜 슬플 때 눈물이 나오지?

슬플 때만 나오는 건 아니야.

➡ **눈물은 항상 나와.**

사람은 매일 조금씩 눈물을 흘려요. 덕분에 눈의 표면이 항상 촉촉하게 유지되지요. 눈물은 눈의 안쪽에 있는 '눈물샘'이라는 곳에서 나와요. 자고 일어날 때마다 만들어져서 조금씩 눈으로 나온답니다.

　눈물은 눈의 표면을 막처럼 감싸서 지켜 주는 역할을 해요. 특히 눈에 이물질이 들어갔을 때 눈물을 많이 내보내 이물질을 밖으로 내보내 줘요. 눈 밖으로 나오지 않은 눈물은 어디로 가냐고요? 눈 안쪽은 코와 연결되어 있어 코로 넘어가지요!

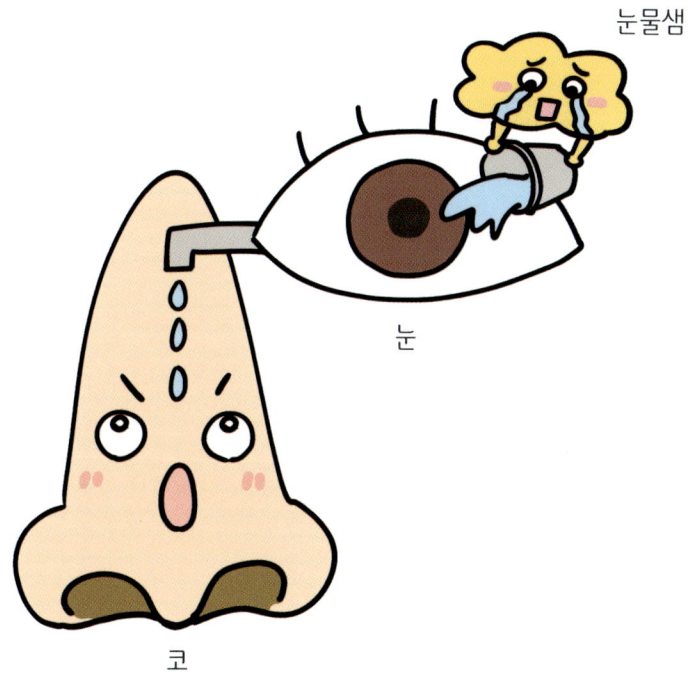

슬플 때나 기쁠 때 눈물의 양이 많아지는 이유는 아직 정확하게 밝혀지지 않았답니다.

왜 사람은
눈을 계속 깜박일까?

계속 뜨고 있으면　　　　안 돼!

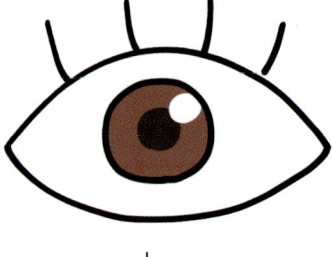

눈

➡ **깜박이지 않으면 눈이 아프기 때문이야.**

눈을 깜박이면 잠깐이지만 앞이 안 보일 텐데, 사람은 왜 굳이 눈을 계속 깜박이는 걸까요?

첫째, 눈을 촉촉하게 유지하기 위해서예요. 안구는 건조하면 쉽게 상처가 나요. 그러면 눈에 다양한 질병이 생기기 마련이지요. 그런 걸 예방하기 위해서 눈을 깜빡일 때마다 눈물샘에서 눈물을 내보내 안구의 표면을 감싸요.

둘째, 이물질을 빼내기 위해서예요. 눈에 흙이나 작은 먼지 등이 들어오는 순간, 눈을 깜빡이면 눈물이 나와 이물질을 밖으로 내보내요.

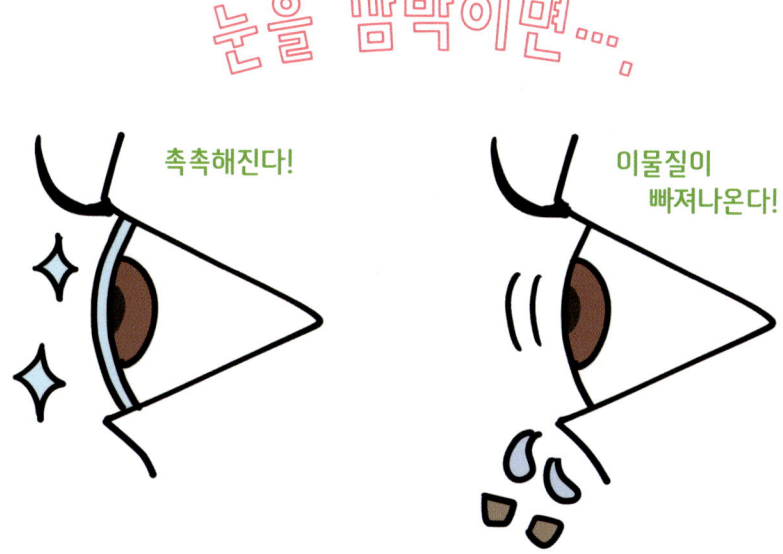

우리는 보통 약 3초에 한 번씩 눈을 깜박여요. 아기는 그것보다 더 적게 깜박이고요.

빙글빙글 돌다 멈춰도 어지러운 이유는?

반고리관

➡ **귓속에 있는 액체가 계속 출렁이기 때문이야.**

몸이 돌다가 멈추면….

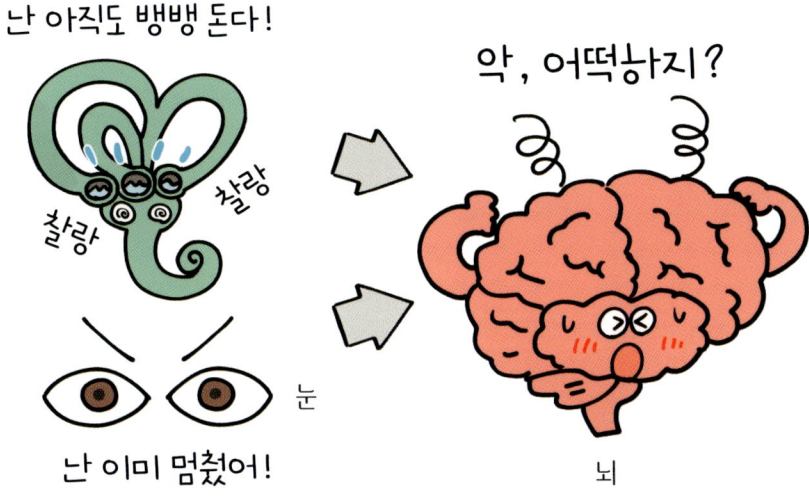

귀 안쪽에는 몸의 움직임이나 균형을 감지하는 기관이 있어요. 그 기관을 '반고리관'이라고 부르지요. 반고리관에는 '림프액'이라고 하는 액체가 들어 있어요. 림프액이 어느 쪽으로 흐르는지 감지하면서 몸이 움직이는 방향을 알아채고 뇌로 정보를 보낸답니다.

우리가 제자리에서 뱅뱅 돌다가 멈추어도 림프액은 얼마 동안은 계속 움직이고 있어요. 그래서 반고리관은 '아직도 돌고 있어.'라는 정보를 뇌로 전달하지요. 하지만 눈은 이미 '앗, 멈췄어.'라고 정보를 보냈기 때문에 뇌가 잠시 혼란스러워해요. 그 틈에 우리가 어지럽다고 느끼는 거죠.

 하나 더!

차에서 멀미를 할 때면 '눈과 반고리관의 정보가 엇갈리고 있구나.'라고 생각하면 돼요.

전화나 영상 속에서 자신의 목소리가 낯설게 들리는 이유는?

➡ **뼈가 전달하는 소리를 들을 수 없기 때문이야.**

친구의 목소리는 공기를 통해 내 귀에 도착해요. 하지만 자기 자신의 목소리는 밖의 공기를 통하는 것 말고도 머리뼈를 통해서도 전달돼요. 그 두 가지 소리가 함께 들리는 거죠.

　그런데 통화하며 전화기로 자신의 목소리를 듣는 건 조금 달라요. 공기를 통해 전달되는 목소리만 들릴 뿐, 몸속에서 뼈를 통해 전달되는 소리는 들리지 않거든요. 그래서 평소 알고 있던 자신의 목소리와 다르게 들리는 거예요. 뼈를 통해 전달되는 자신의 목소리를 듣고 싶다면 귀를 막고 소리 내 보세요. 그때 들리는 목소리가 뼈를 통해 전달되는 소리랍니다.

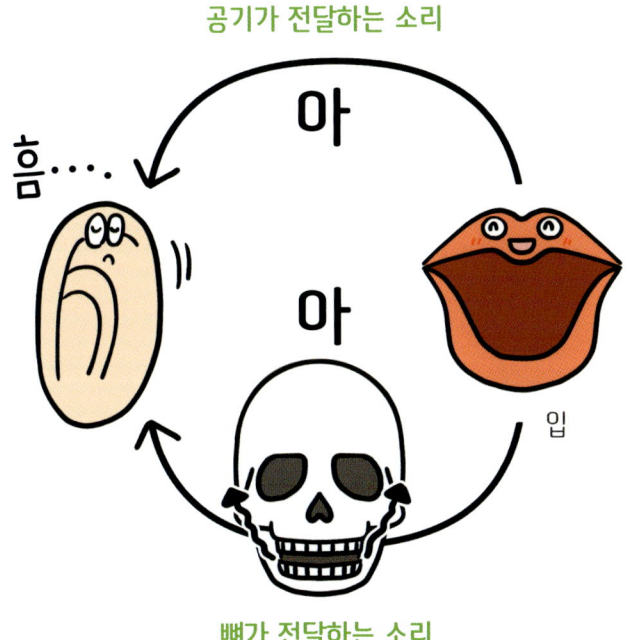

하나 더!

귀로 들어온 소리는 귀 안쪽에 있는 고막을 진동시키고 전기 신호로 바뀌어 뇌로 전달돼요.

코털은 왜 있는 거지?

코

➡ 이물질이 들어오지 못하게 막아 주려고.

코털이 밖으로 삐죽 나와 있으면 놀림받는다고요? 하지만 코털이 얼마나 중요한 일을 하는지 알면 놀리지 못할 거예요. 코털은 먼지 같은 이물질이 마구잡이로 몸속에 들어오지 못하게 막는 일을 하거든요.

콧속에는 코털과 함께 끈적끈적한 점액도 있어서 이물질을 붙잡아요. 또한 점액은 콧속의 온도와 습도를 일정하게 유지해 줘요. 콧속이 건조해지면 이물질이 쉽게 몸속으로 들어와 버리기 때문이에요.

끈적끈적한 점액은 밖으로 흘러나오면 '콧물'이라고 부르고, 딱딱하게 마르면 '코딱지'라고 불러요. 코딱지에는 코털에서 걸러진 이물질이 섞여 있는 경우도 많답니다.

이물질이나 세균이 몸속으로 침입하는 걸 막으려면 입이 아닌 코로 숨을 쉬어야 해요.

손가락으로 코를 막으면 왜 목소리가 이상해질까?

코

➡ **코도 같이 소리 내고 있었기 때문이야.**

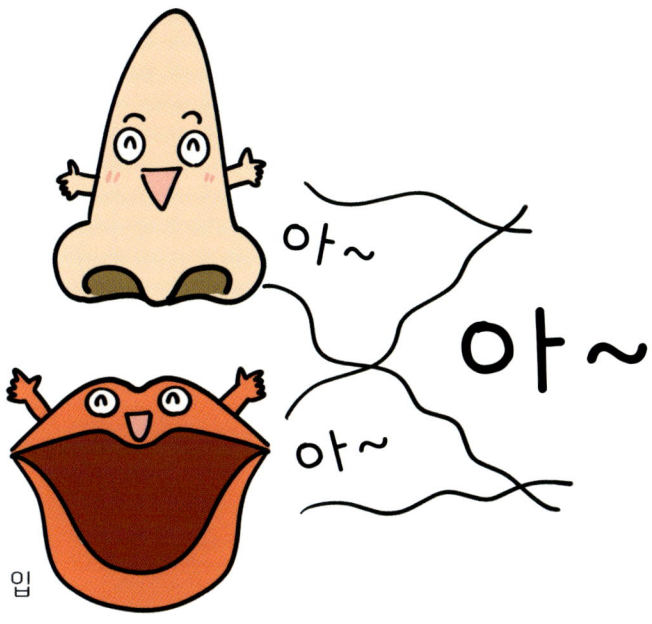

입으로만 소리를 내는 건 아니에요. 코도 함께 소리를 내요. 사실 소리 자체를 만들어 내는 기관은 '성대'예요. 성대는 목 안쪽의 오른쪽과 왼쪽에 각각 하나씩 있지요. 성대가 진동하면서 만들어진 소리(공기의 파동)는 입과 코에 도달해요. 입과 코 밖으로 나온 소리는 얼굴의 약 10센티미터 앞에서 합쳐져요. 이 소리가 평소 알던 그 목소리가 되는 거예요.

코에서 나오는 소리는 입에서 나오는 소리보다 높은 소리예요. 그래서 코를 막고 소리를 내면 높은 소리가 나오지 못해서 평소보다 낮고 불분명한 코맹맹이 소리가 나는 거지요.

성대는 울대뼈 안쪽에 위치하고 있어요. 울대뼈의 정식 명칭은 '후두 융기'라고 해요.

충치는 왜 생기는 걸까?

➡ 이가 녹아서 생겨.

다들 달콤한 간식 좋아하지요? 충치가 생기게 하는 충치균도 달콤한 음식을 아주 좋아해요. 이에 들러붙은 충치균은 입속에 남아 있는 음식(특히, 달콤한 설탕)을 먹이로 삼아 점점 늘어나요. 충치균은 음식물로 산 성분을 만들어서 이를 녹이지요.

그래서 음식을 먹은 다음에는 꼭 양치질을 해야 해요. 충치균의 먹이가 되는 음식물을 입속에서 전부 닦아 내야 충치균을 줄일 수 있거든요.

하나 더!

충치로 아프다면 이가 너무 많이 녹아서 가장 안쪽에 있는 신경을 자극했기 때문이에요.

왜 입술은 불그스름해?

입   피

➡ 입술의 피부가 얇기 때문이야.

입술의 피부는 아주 얇아서 그 밑에 있는 모세 혈관이 비쳐요. 그래서 입술이 빨갛게 보이는 거지요.

단, 추운 날이나 몸 상태가 안 좋을 때에는 혈관이 줄어들어 혈관 안에 흐르는 피의 양도 줄어들어요. 그래서 입술이 창백해 보이지요.

입술은 피부가 무척 얇아서 수분이 빠져나가기 쉬워요. 우리 몸 중에서도 특히나 건조해지기 쉬운 부분이지요.

추울 때

◎ 혈관에 흐르는 피가 적다.

건강할 때

◎ 혈관에 흐르는 피가 많다.

입술은 포유류에게만 있고, 포유류 중에서도 인간만 입술이 빨갛지요.

추울 때 털이 일어나는 이유는?

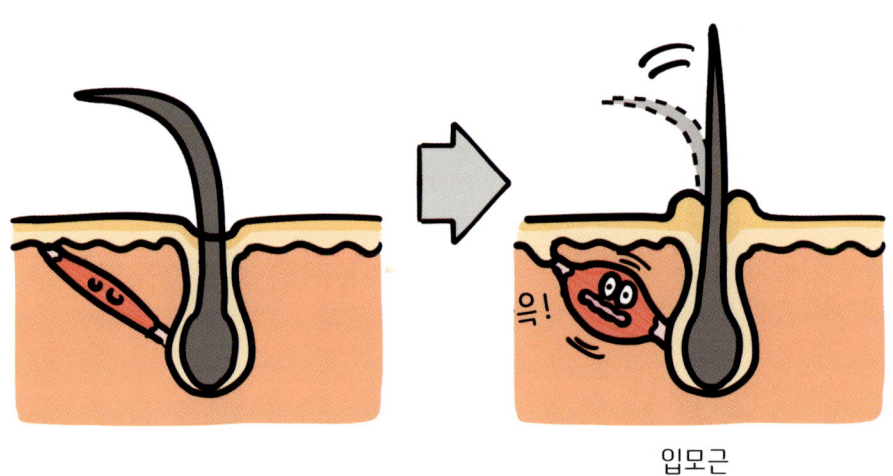

입모근

➡ **털구멍이 좁아지기 때문이야.**

닭은 추울 때 깃털이 바짝 서요. 몸에서 열이 빠져나가지 않게 하기 위해서라고 해요. 사람도 춥다고 느끼면 털이 서요. 털구멍 옆에 있는 근육(입모근)이 줄어들면서 털구멍도 좁아지는데, 이때 피부가 팽팽해지면서 털이 위로 솟는 거지요. 이런 걸 '소름'이라고 표현해요.

참, 닭은 적을 위협할 때에도 털을 세워요. 그러면 몸집이 커 보인다고 생각해서 하는 행동이지요. 그러고 보니 원시인들도 털이 무척 많았는데 춥거나 무서울 때 털을 세워서 대처했을지도 모르겠네요.

닭도 추우면…

억, 추워!

깃털이 일어난다.

뽑자!

하나 더!
오늘날 인류는 원시인보다 털이 적기 때문에 소름이 돋더라도 모습이 크게 바뀌진 않죠.

머리가 좋은 사람은 뇌가 무거울까?

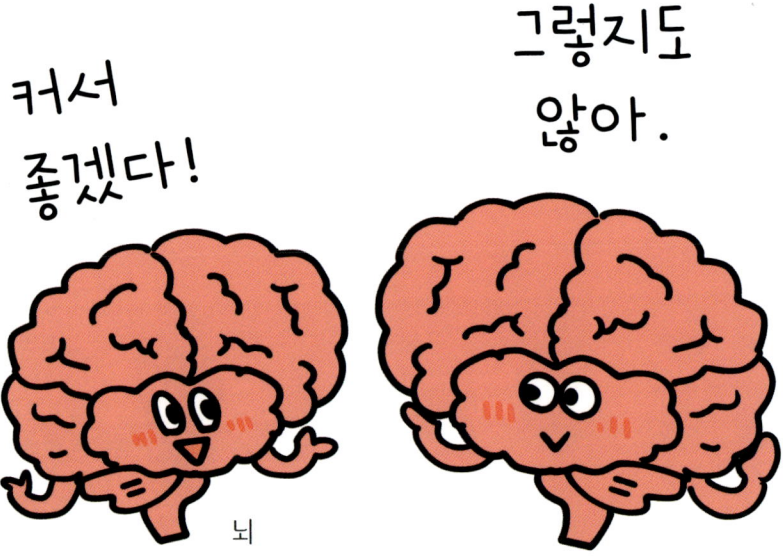

➡ **꼭 그런 건 아니야.**

뇌는 무언가를 생각하거나 몸을 움직일 때 지시하는 등 많은 일을 해요. 사람의 뇌 무게는 어른일 경우 약 1300그램(g) 정도 된답니다. 얼핏 보면 뇌가 무거운 쪽이 더 영리할 것 같지만, 천재 과학자 아인슈타인의 뇌는 1230그램밖에 되지 않았대요. 한편, 일본의 유명한 소설가 나쓰메 소세키의 뇌는 1425그램이나 나갔다고 하네요.

참, '뇌에 주름이 많으면 머리가 좋다.'라는 말이 진짜냐고 물어보는 친구들이 있는데, 그건 아직까지 증명되지 않았어요. 사람이 자라면서 뇌에 주름이 꾸준히 늘어난다는 말도 사실이 아니랍니다.

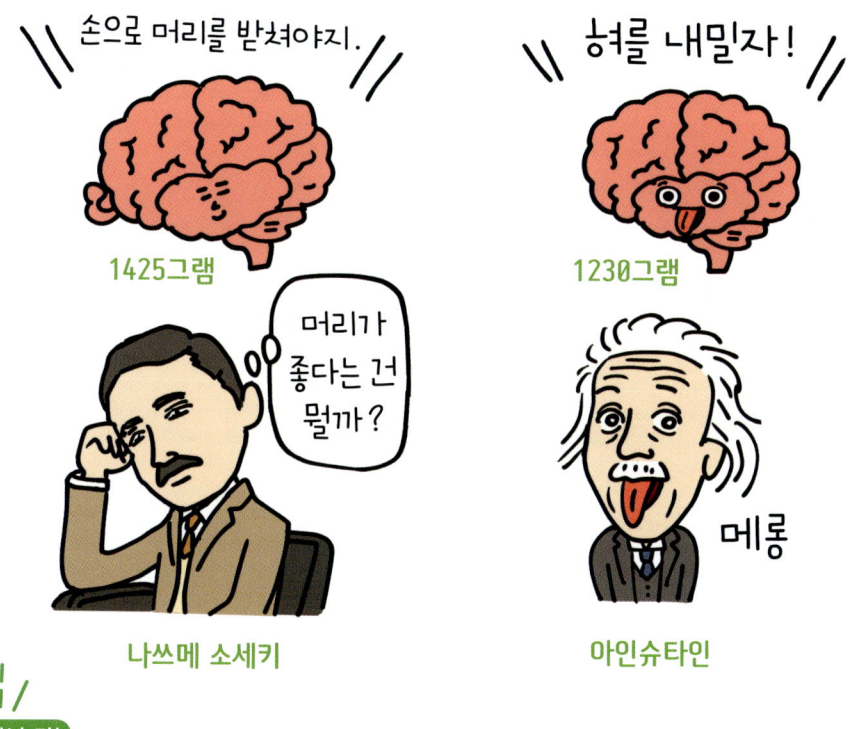

하나 더!
아인슈타인이 사망한 뒤에 학자들은 그의 뇌를 연구하고 나서 보관해 두었다고 해요.

어른이 되면 뇌도 커질까?

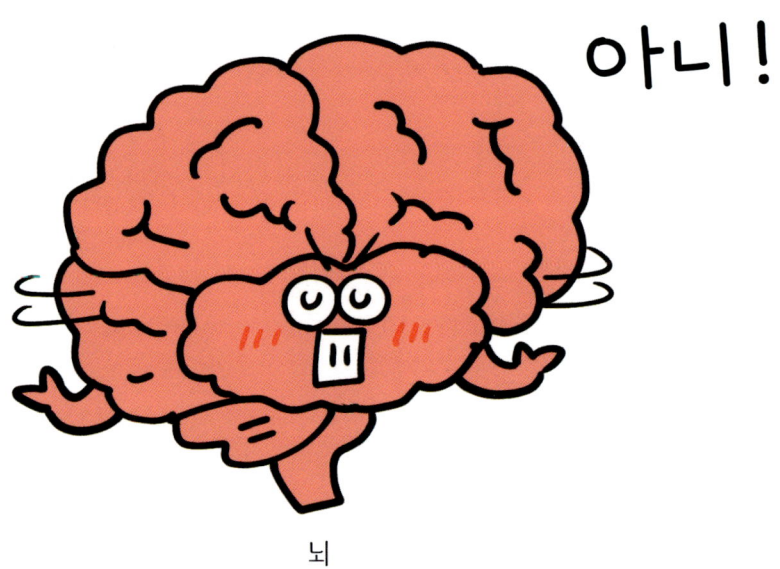

뇌

➡ **어린이와 어른의 뇌는 크기가 거의 비슷해.**

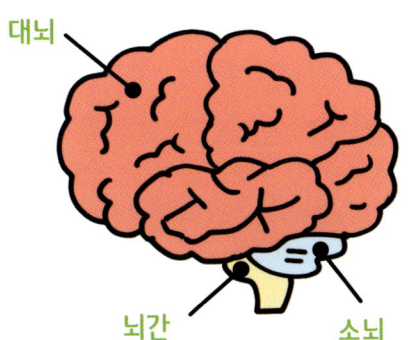

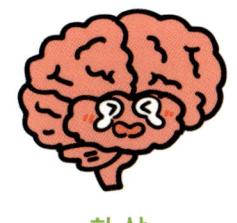

한 살

뇌는 일곱 살 정도가 되면 거의 다 자라요. 아기일 때에는 어른 뇌의 30퍼센트 정도의 크기지만, 일곱 살이 넘으면 어른 뇌의 90퍼센트 정도가 되죠.

뇌는 크게 세 부분으로 나눌 수 있는데, 대뇌, 소뇌, 뇌간(뇌줄기)으로 구분한답니다. 대뇌는 생각하거나 기억하거나 감정을 느끼는 부분이에요. 뇌 무게의 약 80퍼센트를 차지하지요. 소뇌는 근육을 움직이거나 움직임을 기억하는 부분이에요. 뇌간은 호흡하고 먹고 자는 등 생명을 유지하는 데 필요한 활동과 관련이 있지요.

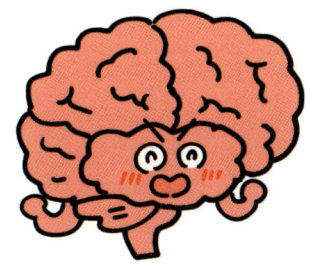

일곱 살

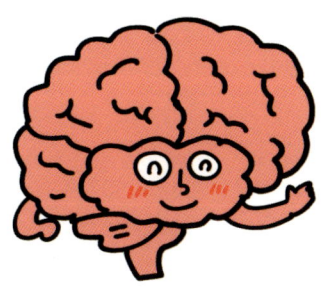

어른

뇌는 포도처럼 말랑말랑하기 때문에 머리뼈가 감싸서 보호하고 있어요.

엉덩이 쌤의 대단한 장 이야기 3
장이 우리 몸을 지배한다?

"긴장하니까 배가 아파."
"불안해서 며칠째 똥을 못 싸고 있어(변비)."

이런 경험 한 번쯤은 있지요? 이런 현상은 뇌가 느끼는 스트레스가 신경을 통해 장까지 전달돼 장의 상태가 나빠졌기 때문에 일어난 거예요. 뇌와 장은 거리가 꽤 떨어져 있지만 관계가 매우 깊답니다.

장이 뇌에 영향을 끼치기도 해요. 예를 들어, '배고파.'라는 느낌은 장에서 나오는 호르몬이 뇌에 전달돼 느끼는 감각이에요. 또한 장 속의 균이 균형을 이루면 뇌도 원활하게 활동한다고 해요. 장과 뇌가 서로 연결되어 있는 셈이죠.

게다가 장에 있는 균은 여러 병과 관계가 있다고 해요. 우울증(기분이 가라앉고 의욕이 없어지는 마음의 병)에 걸린 사람은 건강한 사람에 비해 장 속에 유익균이 무척 적다고 해요. 또한 알츠하이머병(기억력과 사고력이 떨어지면서 일상생활에 필요한 작업을 할 수 없는 상태가 되는 병)에 걸린 사람과 건강한 사람을 비교해 봐도 장에 사는 균의 균형이 매우 다르다고 알려져 있어요.

최근에는 장 속에 있는 균이 비만, 꽃가루 알레르기, 심장병 등에도 영향을 주는지에 관해 연구하고 있어요. 장은 음식을 소화하고 흡수하는 일 말고도 온몸의 건강과 관련이 깊네요.

이리저리 움직이는 뼈와 근육

하나, 둘, 셋, 넷!

우리 몸속의 뼈는 모두 몇 개일까?

어깨뼈

팔뼈

발뒤꿈치 뼈

➡ **약 200개 정도 있어.**

뼈는 우리 몸을 지탱하고 뇌와 폐 등 몸속 기관을 보호해요. 또한 피를 만드는 역할도 하지요. 뼈가 만들어지는 데에는 칼슘이 중요한 역할을 해요. 뼛속에는 공간이 있고 단단하게 만들어져 있어요.

어른의 뼈는 모두 200개 정도가 있어요. 뼈가 하나처럼 보이더라도 여러 개의 뼈로 이루어진 경우가 있답니다. 예를 들어, 머리뼈는 23개의 뼈로 되어 있고, 척추는 26개의 뼈로 이루어져 있어요.

아기의 뼈 개수는 어른이랑 달라요. 약 350개가 있지요. 성장하는 과정을 거치면서 몇몇은 붙어서 약 200개가 되지요.

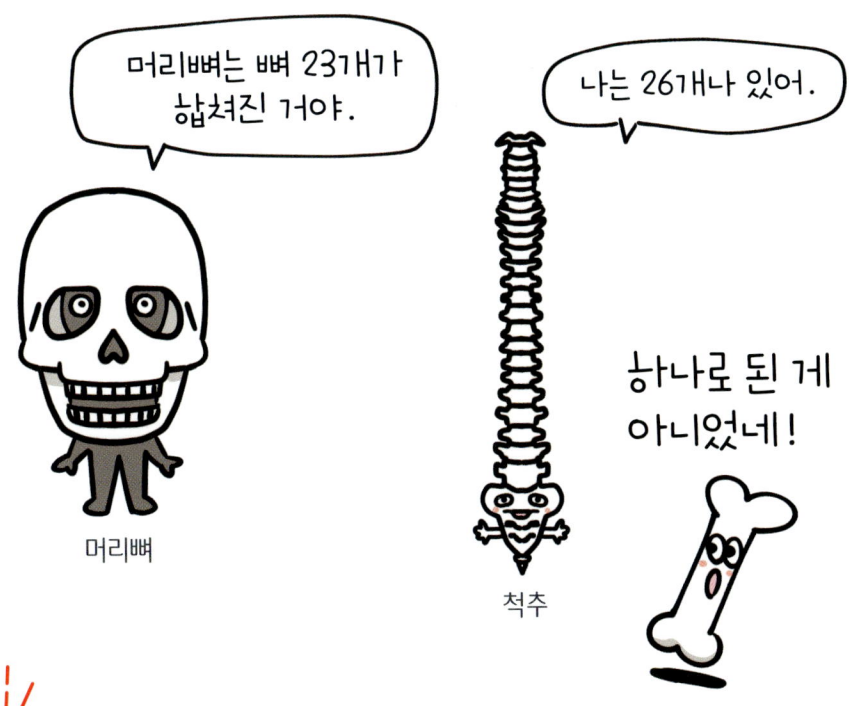

하나 더!

엉덩이에 있는 꼬리뼈는 사람에 따라서 3~5개로 나뉘어 있어요.

가장 길고 큰 뼈는 어디지?

➡ **넙다리뼈야. 45센티미터 정도 돼.**

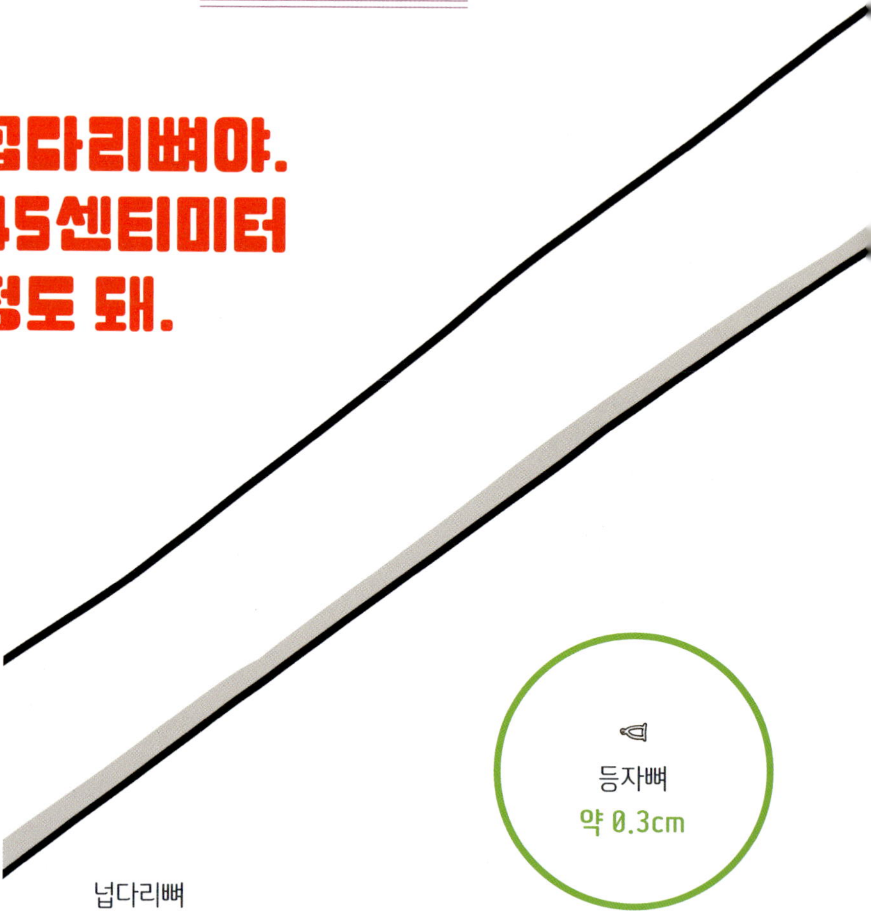

넙다리뼈

등자뼈
약 0.3cm

사람의 뼈 중에서 가장 길고 큰 뼈는 다리에 있는 넙다리뼈(대퇴골)예요. 넙다리뼈의 길이는 약 45센티미터나 돼요! 이 책을 쫙 펼쳤을 때의 대각선 길이보다 조금 더 길어요.

가장 작은 뼈는 귓속에 있는 등자뼈예요. 소리를 전달하는 역할을 하는 뼈로, 약 0.3센티미터밖에 안 되지요.

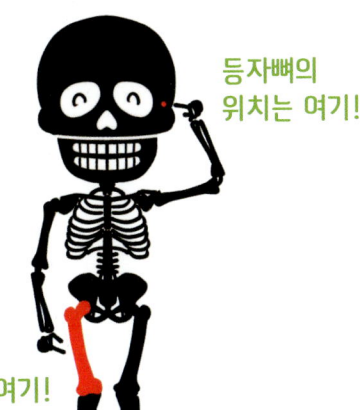
등자뼈의 위치는 여기!

넙다리뼈는 여기!

하나 더!

하루 중 키가 가장 클 때에는 아침이에요. 밤이 되면 1센티미터 정도 줄어들었다가 자는 동안 원래대로 돌아가지요.

어린이는 왜 키가 자라는 거지?

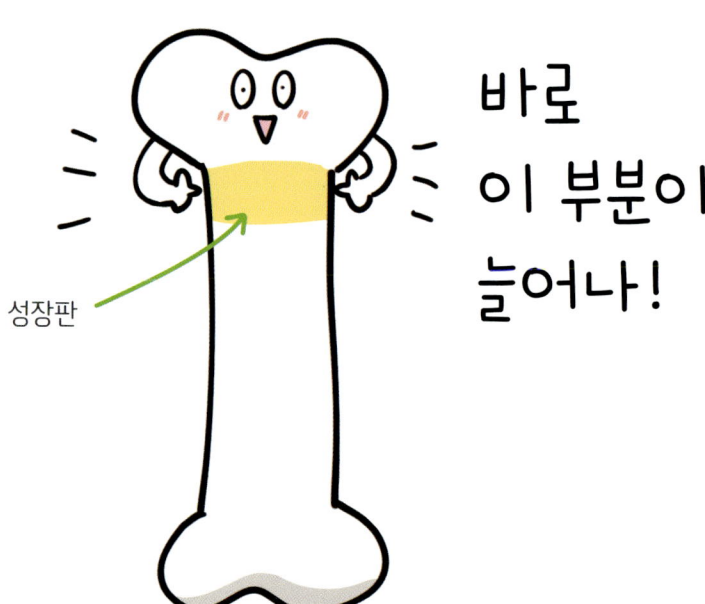

성장판

바로 이 부분이 늘어나!

➡ **뼈가 늘어나기 때문이야.**

뼈에는 '연골(물렁뼈)'이라는 부분이 있는데, 수분을 많이 머금고 있어 무척 부드러워요. 특히 어린이의 뼈에는 '성장판'이라고 하는 연골이 있어요. 성장판이 늘어나면서 팔다리가 길어지고 키도 크지요. 사람에 따라 다르지만 성장판은 대략 18살 정도가 되면 사라져요.

뼈끼리 이웃해 있는 부분에도 연골이 있어요. 이 연골은 딱딱한 뼈끼리 직접 닿지 않게 해 주지요. 그리고 뼈와 뼈 사이에는 액체(미끌액)가 있어서 매끄럽게 움직일 수 있게 도와줘요.

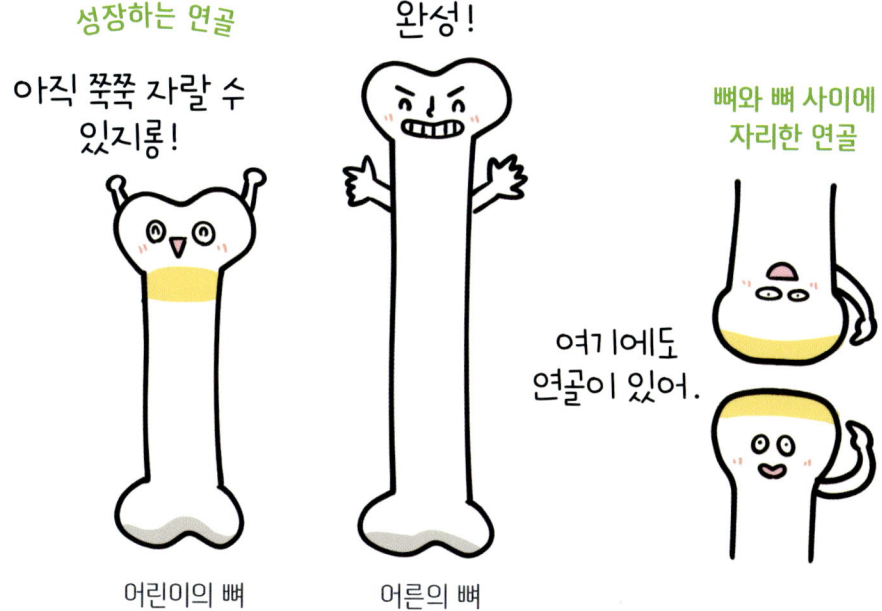

귀는(특히 바깥귀) 대부분 연골로 이루어져 있어요. 코에도 연골이 많이 있답니다.

근육이라는 건 뭘까?

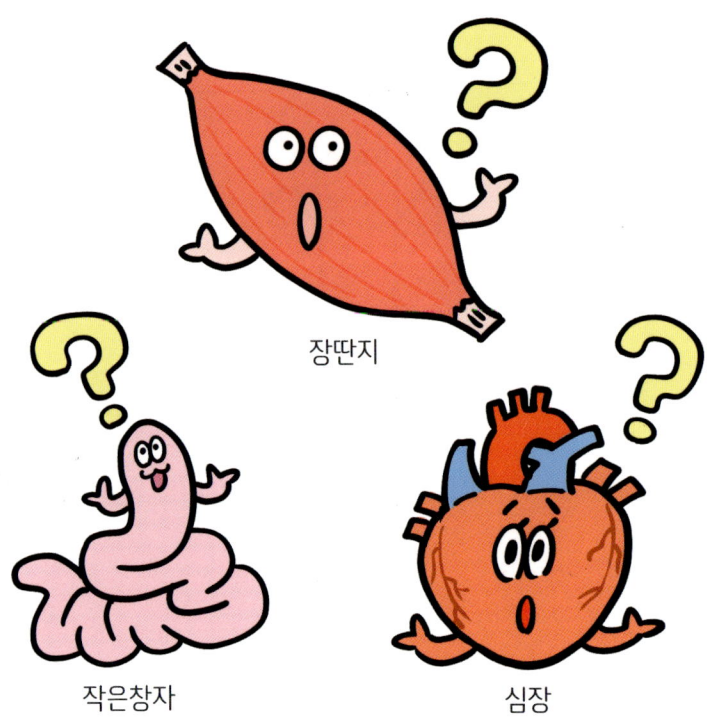

장딴지

작은창자

심장

➡ **몸과 내장을 움직이는 살이지.**

우리 몸에 근육은 크게 골격근, 심근, 내장근으로 나눌 수 있어요.

골격근은 뼈에 꽉 붙어 있는 근육이에요. 손이나 발 등 몸을 움직이지요. **심근**(심장근)은 심장의 근육을 말해요. 심장 대부분은 심근으로 이루어져 있어요. **내장근**(민무늬근)은 위나 장 등 내장을 움직이는 근육이에요.

골격근은 의지대로 움직이는 근육이에요. 심근이나 내장근은 '움직여야지.' 하고 생각하지 않아도 움직인답니다.

혈관 벽도 민무늬근으로 이루어져 있어요.

어른들은 왜 어깨가 뻐근하다고 하지?

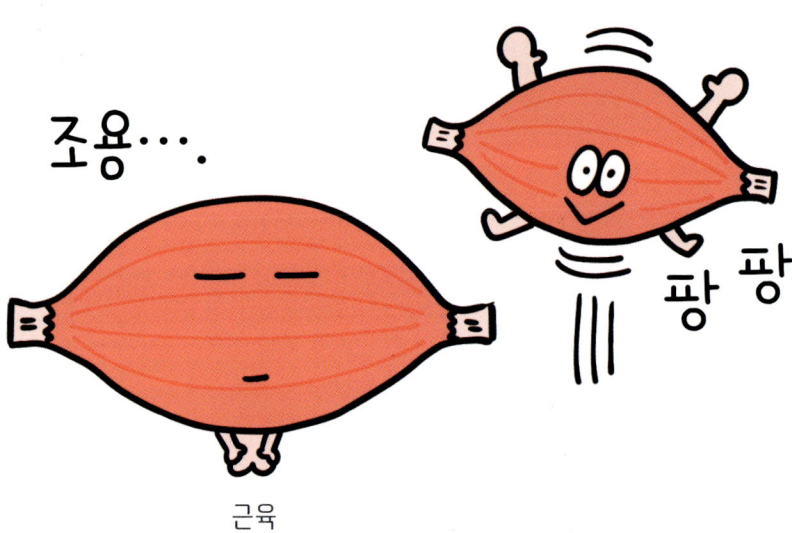

➡ **움직이지 않는 시간이 길어져서 그런 거 아닐까……**

계속 같은 자세로 있으면 근육이 점점 굳게 돼요. 그러면 그 속을 지나가는 혈관이 눌려서 제대로 피가 통하지 않지요. 따라서 산소와 영양분은 공급받지 못하고, 찌꺼기들은 가지고 나갈 수 없게 돼요. 필요한 것은 받지 못하고 필요 없는 것만 쌓이니, 어깨가 결리고 아픈 거지요.

추워서 어깨가 결리는 경우도 있어요. 몸이 차가워지면 혈관이 오그라들기 때문이에요. 아, 평소 운동이 부족한 사람도 쉽게 어깨가 결릴 수 있어요. 운동이 부족한 사람은 근육이 적기 때문에 무거운 머리를 받치고 다니려면 어깨에 무리가 가지요.

하나 더!

긴 시간 동안 같은 자세로 동영상을 보거나 게임을 하면 어린이라도 어깨가 뻐근할 수 있어요.

근육통이 뭐야?

근육

➡ **타친 근육이 나을 때 생기는 통증이야.**

근육통은 근육이 다쳤을 때 느끼는 통증이 아니라, 회복할 때 생기는 통증이에요. 강도가 센 운동을 하거나, 같은 동작을 몇 번씩 반복하거나, 평소와 다른 동작을 하면 근육이 다칠 수 있어요. 그러면 백혈구 등이 근육을 서서히 낫게 해요. 그때 통증을 일으키는 성분이 나오지요.

사람들이 "에구, 나이가 드니까 근육통이 오래간다."라고 말할 때도 있는데, 그게 사실인지 아닌지는 아직 밝혀지지 않았어요.

사실 통증을 느끼는 곳은, 근육이 아니라 근육을 감싸고 있는 막(근막)이지요.

어떻게 하면 근육이 단단해질까?

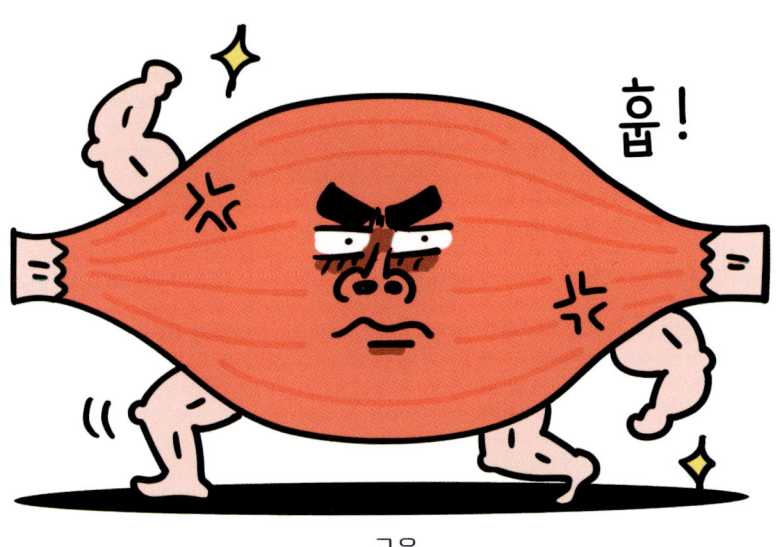

근육

➡ **아플수록 튼튼해져.**

밥을 많이 먹는 것만으로는 근육이 계속해서 붙지 않아요. 근육을 단단하게 만들기 위해 필요한 것은 바로, 근육을 아프게 하는 거예요. 무슨 말이냐고요? 운동을 하고 나서 자극된 근육이 회복하는 동안 근육의 섬유 조직이 조금씩 두꺼워져요. 결국 근육은 아프고 회복하는 과정을 반복하면서 조금씩 발달하는 거죠. 근육은 주로 단백질로 이루어져 있기 때문에 고기나 콩 등 단백질이 많은 음식을 잘 먹으면 근육을 키울 때 도움이 돼요.

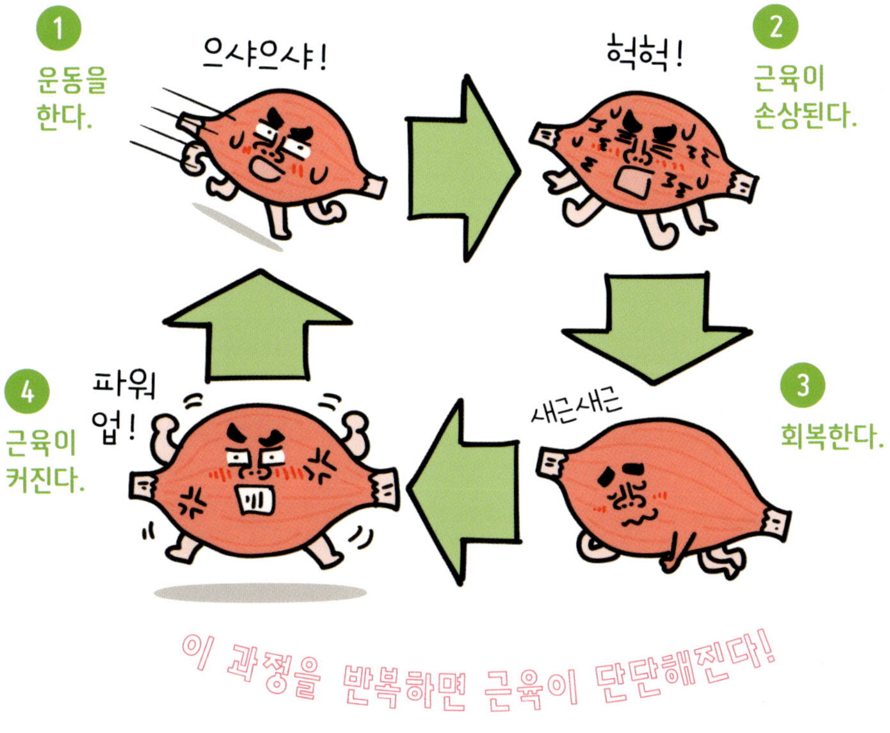

① 운동을 한다.
② 근육이 손상된다.
③ 회복한다.
④ 근육이 커진다.

이 과정을 반복하면 근육이 단단해진다!

근육은 가늘고 긴 섬유 조직인 '근섬유'가 모여서 만들어진 거예요.

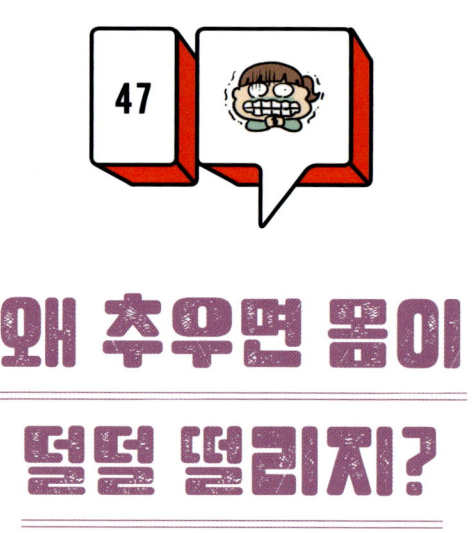

왜 추우면 몸이 떨덜 떨리지?

➡ **체온을 올려야 하거든.**

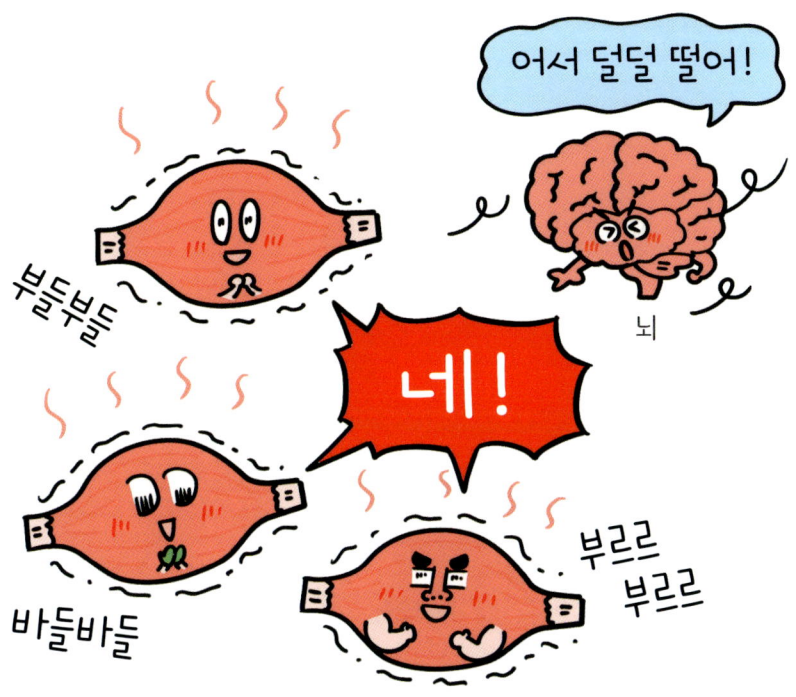

몹시 추운 날 몸이 부들부들 떨리는 이유는 근육이 떨리기 때문이에요. 체온이 떨어지면 심장이나 뇌의 움직임도 둔해져서 목숨까지 위험해질 수 있어요. 그렇게 되지 않기 위해 근육을 움직여 체온을 올리는 거죠.

하지만 근육을 한 번 움직이는 걸로는 열을 만들 수 없어요. 여러 번 떨어서 열을 내는데, 1분에 수백 번은 떨어야 하죠! 이렇게 체온을 올려서 뇌와 심장 등을 지키고 있던 거예요.

우리 몸이 추위를 느끼면 뇌는 '어서 몸을 떨어!'라는 명령을 근육에 전달해요.

운동 신경이라는 건 뭘까?

➡ **뇌에서 내린 명령을 근육에 전달하는 신경이야.**

'빨갛다.', '달콤해.', '더워.' 등 몸에서 느끼는 감각을 주고받는 부분을 '신경'이라고 해요. 그중에서 몸이 움직일 때 작용하는 부분을 '운동 신경'이라고 하지요. 예를 들어 야구를 할 때, 투수가 공을 던지면 타자의 뇌에서 "야구 방망이를 휘둘러!"라고 명령을 내려요. 그 명령을 근육에 전달하는 역할을 운동 신경이 하지요.

신경의 종류

- 말초 신경계
  - 체성 신경계
    - 감각 신경
    - **운동 신경**
  - 자율 신경계
    - 교감 신경
    - 부교감 신경
- 중추 신경계
  - 뇌
  - 척수

근육

하나 더!

반사 신경은 뇌와 척수에서 명령을 보내고 난 뒤 몸에 반응이 올 때까지 걸리는 과정을 말해요.

엉덩이 쌤의 대단한 장 이야기 4
뇌는 장에서 태어났다고?

우리 몸에서 가장 중요한 기관은 어디일까요? 아마도 '뇌'나 '심장'이라고 생각하기 쉬울 거예요. 그런데 아주아주 먼 옛날 지구에서 살던 인간의 조상뻘 되는 생물에게는 뇌나 심장이 없었다고 해요. 그 생물들의 몸은 대부분이 장으로 되어 있었다고 해요.

물론 '먼 옛날에는 장에서 생겨난 사람이 있었다.'라고 말하는 건 아니에요. 몸의 대부분이 장으로 된 생물이 있었다는 말이죠. 그러니까 해파리나 말미잘처럼 생긴 그런 생물이 있었다는 거죠.

고대 생물들은 심장이나 뇌는 없고 입으로 들어간 먹이의 영양분을 장에서 흡수하고 찌꺼기만 밖으로 내보냈답니다. 그런 생물들이 아주 긴 시간에 걸쳐 진화해서 어류, 양서류, 파충류, 조류 등이 됐어요. 그 뒤에 인간이 포함된 포유류가 탄생한 거라고 해요.

생물이 진화하면서 장의 일부가 변해서 위나 간 등이 되었어요. 뇌도 장에 있는 신경 세포를 바탕으로 생겨났다고 하네요. 그러니까 뇌가 장에서 태어났다는 말이 맞지요?

남자의 몸에 있는 정자가 여자의 몸에 있는 난자와 만나면 수정란이 되는데, 그 수정란 안에서 가장 먼저 뇌세포와 더불어 장과 위 등 소화 기관이 생겨난답니다. 엄마의 배 속에 있는 아기에게 중요한 기관이 먼저 생겨나는 거지요.

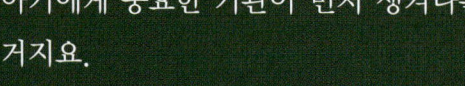

손톱과 발톱은 무엇으로 만들어질까?

원래는 살아 있는 게 아니란다.

손톱

➡ **죽은 피부로 만들어져.**

손톱과 발톱은 피부가 거듭 변하면서 딱딱해진 부분이에요. 대부분 '케라틴'이라고 하는 단백질로 되어 있지요.

손톱과 발톱에 있는 세포는 죽은 세포예요. 그런데도 계속 자라는 이유는 뿌리 부분이 살아 있기 때문이랍니다. 손톱은 열흘에 약 1밀리미터가 자라요. 손톱이 발톱보다 더 빨리 자란다고 하네요.

손톱과 발톱이 하는 역할은 크게 세 가지예요. 첫째, 물건을 잘 잡을 수 있게 해 줘요. 둘째, 손가락과 발가락을 지켜 주는 역할을 해요. 셋째, 손가락이나 발가락이 힘을 쓸 때 잘 지탱하도록 돕지요.

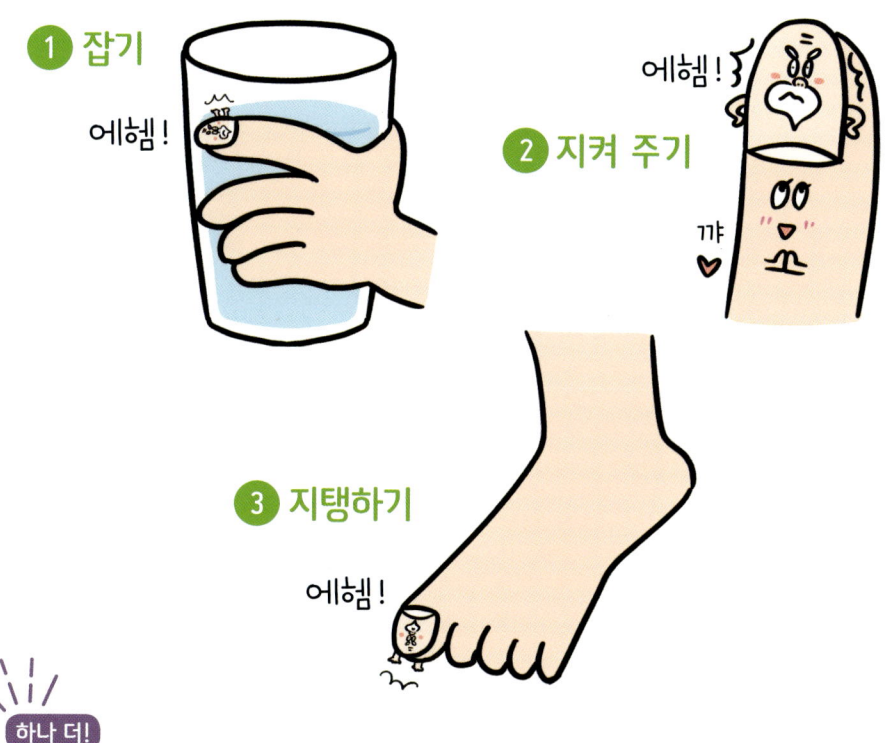

하나 더!
머리카락도 원래는 피부였던 부분이 변한 거지요.

왜 머리에만 털이 많은 걸까?

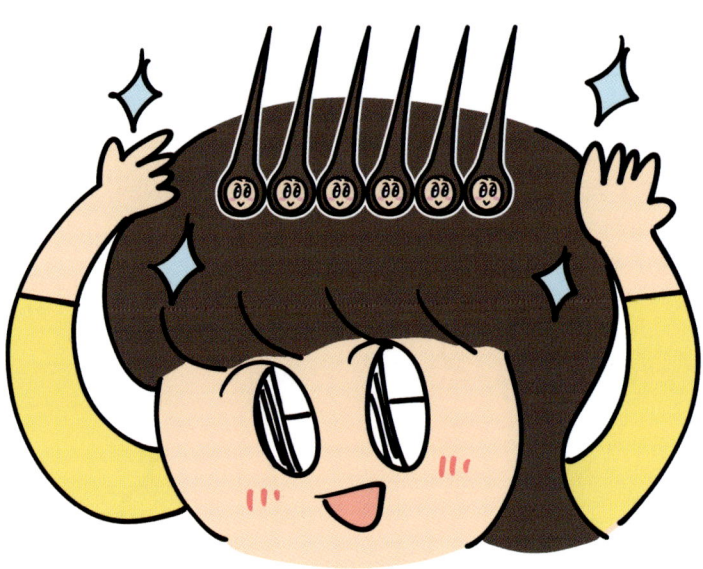

머리카락

➡ **옷을 입게 됐기 때문일지도 몰라.**

머리에 털이 많은 이유는 뇌를 지키기 위해서라고 해요. 그렇다고 해도 왜 머리에만, 유독 털이 많은 걸까요?

숲에서 살던 인간의 조상뻘인 원시인들은 몸에도 털이 많이 났어요. 털은 체온을 조절해 주는 역할도 했죠. 시간이 흐르고 흘러 숲에서 초원으로 터전을 옮기자, 햇빛을 그대로 받으면 덥고 비가 와서 털이 젖으면 춥다는 걸 알게 됐어요. 털이 사는 데 방해가 되는 날이 많아진 거예요. 그 뒤로 옷을 입는 시대가 되자 체온을 조절하는 일은 옷이 담당하게 됐어요. 그래서 몸에 있는 털은 점점 적어지고 머리에만 수북해진 거죠.

사람에 따라 차이는 있지만 머리카락의 양은 약 10만 가닥이라고 하네요.

머리카락은 한 달에 얼마나 자랄까?

➡ 1센티미터 정도 자라.

피부에 박힌 부분은 머리카락의 뿌리(모근)라고 해요. 생긴 지 얼마 안 된 머리카락은 뿌리가 건강해 쭉쭉 자라지요. 한 달에 약 1센티미터씩 자라요.

머리카락이 자라다 멈추면 모근 아래에서는 새로운 머리카락이 생겨나요. 그러면서 자연스럽게 예전에 있던 머리카락은 빠지지요. 이렇게 머리카락 한 가닥이 생겨서 자라는 기간은 2~6년 정도예요.

본래 머리카락은 흰색이에요. 머리카락에 있는 '멜라닌'이라는 색소 덕분에 색이 짙어지게 된 거죠. 나이가 들면 우리 몸이 멜라닌 색소를 적게 만들기 때문에 흰머리가 늘어나요.

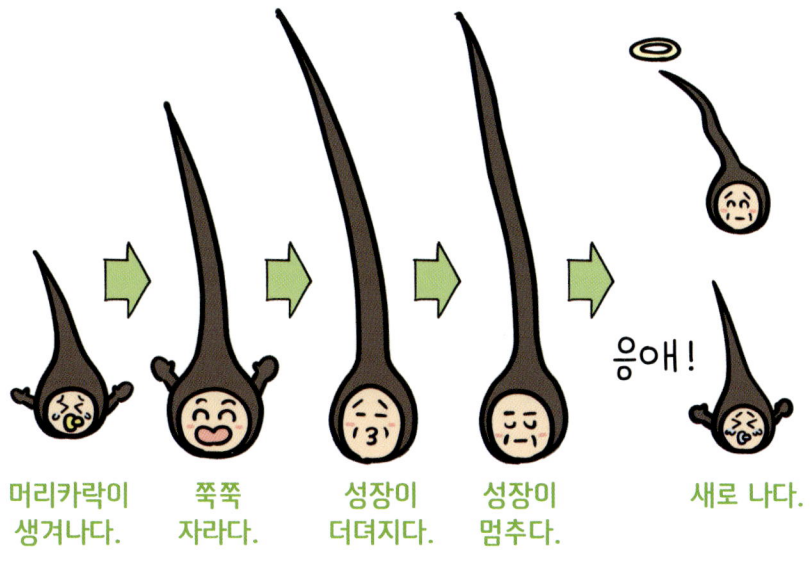

머리카락이 생겨나다. → 쭉쭉 자라다. → 성장이 더뎌지다. → 성장이 멈추다. → 새로 나다.

머리카락은 하루에 약 100개 정도 빠지고, 약 100개가 새로 난다고 해요.

침은 꼭 필요한 걸까?

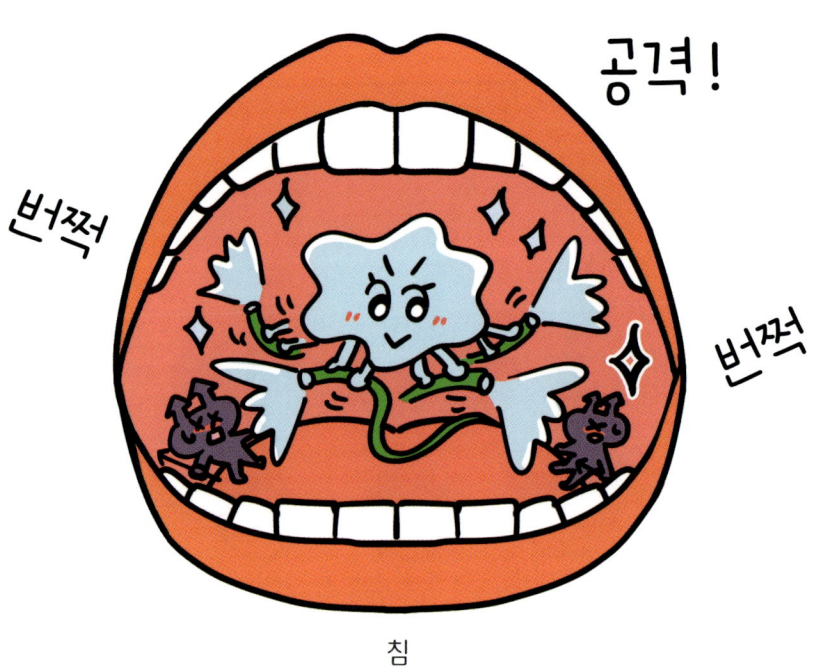

➡ **입속을 씻어 내는 데 꼭 필요해.**

침은 하루에 1리터 정도 나와요. 우리 몸에서 여러 가지 역할을 하기 때문에 꼭 필요하지요. 첫째, 침은 음식을 잘 섞어서 목으로 넘어가기 쉽게 해 줘요. 둘째, 밥이나 빵 같은 탄수화물을 녹여서 소화가 잘되게 해 줘요. 셋째, 몸을 지켜 줘요. 소화할 때 나오는 가스를 싹 내려가게 하거나 나쁜 세균을 줄이는 역할을 해요. 또, 침이 제대로 나와야 충치가 잘 생기지 않아요. 충치가 되기 직전이라도 더 진행되지 않게 해 주지요.

하나 더!

밥을 꼭꼭 씹다 보면 단맛이 느껴져요. 그건 침이 밥을 녹여서 달게 만들기 때문이에요.

어린이의 이는 왜 빠지는 걸까?

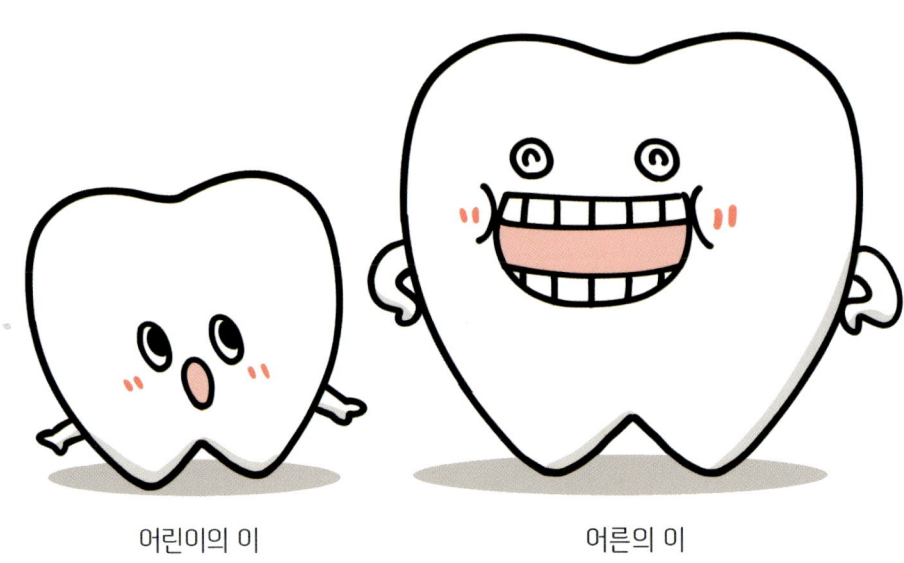

어린이의 이   어른의 이

➡ **어른의 이가 나오기 때문이야.**

어린이의 이는 전부 20개예요. 세 살 무렵까지 이가 어느 정도 다 나오고, 일곱 살쯤부터는 어른의 이로 갈기 시작해요.

어른의 이는 전부 32개예요. 어른이 되면 가장 안쪽에 어금니가 나는데, 그 이를 '사랑니'라고 불러요. 사람에 따라 사랑니가 나오지 않기도 하지요. 어린이의 이보다 어른의 이가 많고 큰 이유는 성장하면서 턱도 커지기 때문이에요.

이가 하는 첫 번째 역할은 음식을 잘게 부수는 일이에요. 또한 이가 있어서 말할 때 제대로 발음할 수 있지요. 참, 힘을 줄 때 이를 악물면 더 강하게 힘을 줄 수도 있어요.

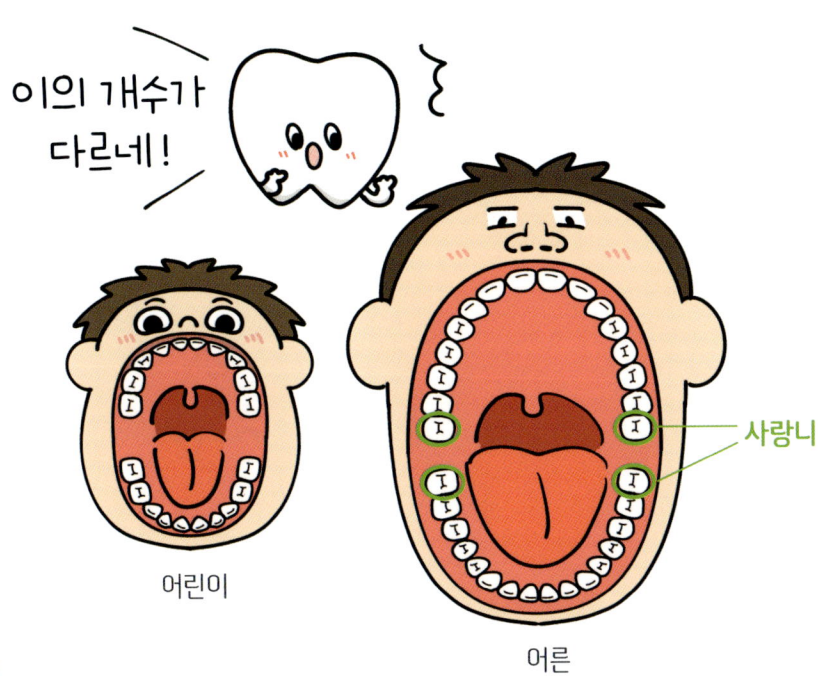

어린이

어른

아기 때 난 이는 '유치', 유치가 빠지고 나서 새로 난 이와 뒤어금니를 '영구치'라고 불러요.

왜 어린이는 술을 마시면 안 될까?

➡ **뇌와 내장이 상할 수 있기 때문이야.**

　어른들이 술을 마시는 걸 보면서 맛이 어떨지 궁금해한 적이 있다고요? 그런데 술은 절대 마시면 안 돼요! 어린이는 술에 들어 있는 알코올을 분해하는 능력이 굉장히 약해서 뇌와 내장이 쉽게 상할 수 있어요. 어린이가 술을 마시면 우선 뇌에 있는 세포가 망가져요. 그러면 기억력, 사고력, 의욕 등이 심하게 떨어지지요. 또한 근육이나 뼈가 제대로 성장하지 못해요. 미래에 아기를 만드는 능력까지 약해지게 되거나 내장에 병이 나기도 하니 좋은 점이 하나도 없는 셈이에요.

 하나 더!

어른이 되어도 알코올을 분해하는 능력이 약한 사람이 많답니다.

손 씻기랑 양치질이 정말로 도움이 될까?

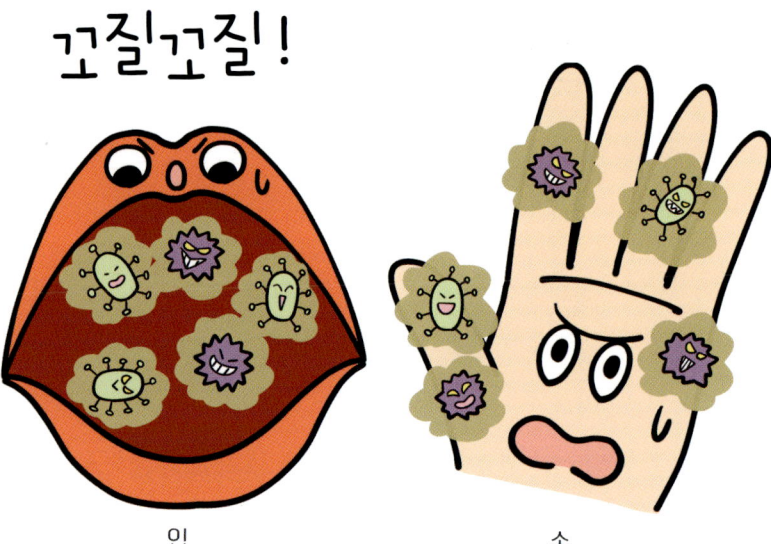

입   손

➡ 당연하지. 바이러스와 세균을 씻어 낼 수 있거든.

집에 돌아오자마자 손을 씻고 양치질하는 건 좀 귀찮은 일이긴 하지요? 그런데 씻지 않은 손으로 얼굴 주변을 만지면 바이러스나 세균이 입과 코로 들어가 버린답니다. 또한 양치질을 하지 않으면 바이러스나 세균이 몸속으로 들어가서 감염병을 일으킬 수 있어요.

병이 저절로 나을 순 없지만, 병에 걸리지 않기 위해 노력할 수는 있어요. 그 노력 중 하나가 바로 손 씻기와 양치질이랍니다. 외출하고 돌아오면 꼭 손 씻고 양치질하기로 약속해요.

하나 더!

양치질을 하면 목이 건조해지는 걸 막을 수 있어요.

죽는다는 건 뭘까?

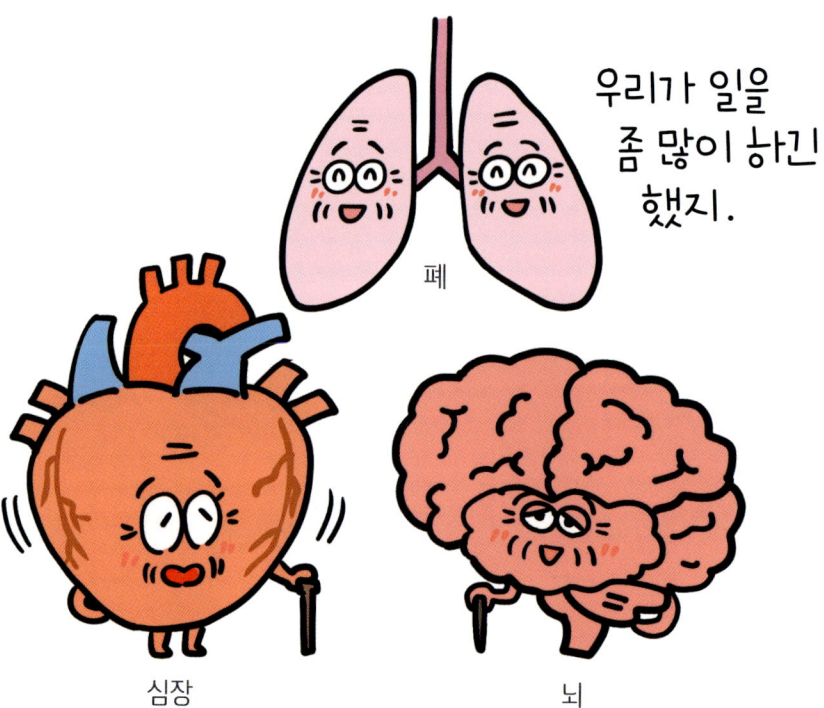

➡ **몸의 기능이 전부 멈추는 거야.**

사람이 죽었다는 걸 어떻게 아냐고요? 의사 선생님이 기본적으로 세 가지를 확인하고 나서 판정을 내려요.

첫째, 심장이 움직이고 있는지 확인해요. 가슴에 청진기를 대고 심장이 뛰고 있는지 소리로 듣고 판단하지요.

둘째, 호흡하고 있는지 살펴요. 가슴에 청진기를 대고 호흡하는 소리가 들리는지 확인해요.

셋째, 뇌가 반응하고 있는지 검사해요. 눈에 빛을 비추어서 눈동자(동공)가 움직이는지 확인해요. 뇌가 아직 반응하고 있다면 눈동자가 작아진답니다. 심장, 폐, 뇌가 모두 움직이지 않는다는 걸 확인하고 나면 '사망'했다고 판정을 내려요.

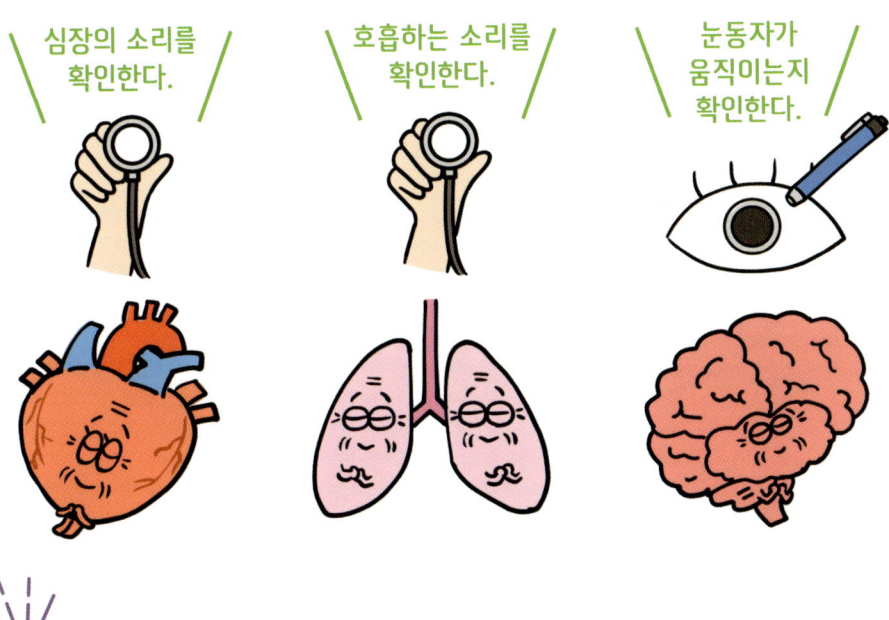

하나 더!

현재까지 세계에서 가장 오래 산 사람의 나이는 122세로 알려져 있어요.

아기는 어떻게 생길까?

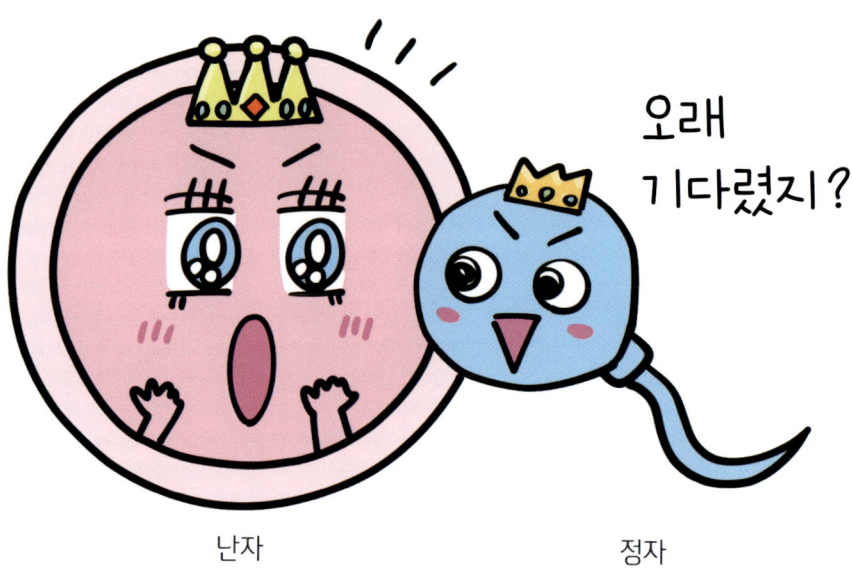

난자　　　　　　정자

➡ **정자가 난자에 들어가면서 시작되지.**

수정란

3개월째

6개월째

여자의 몸에서 만들어진 난자에 남자의 몸에서 나온 정자가 들어가면 수정란이 돼요. 수정란은 여자의 자궁으로 이동해서 자리를 잡고 나면 점점 커진답니다.

엄마와 아기는 '탯줄'로 연결되어 있어요. 그래서 아기는 탯줄을 통해서 영양분과 산소를 공급받아요.

9개월째

수정란이 생긴 뒤로 약 10개월이 되면 아기가 태어나요. 갓 태어난 아기는 키가 약 50센티미터, 몸무게는 약 3킬로그램 정도 돼요. 엄마 배 속에서 탯줄로 호흡하던 아기는 첫울음을 터뜨리면서 폐로 호흡하기 시작한답니다.

응애!

하나 더!

남자의 몸에서는 한 번에 정자를 약 2~3억 마리를 내보내요. 그중에서 하나의 난자과 수정할 수 있는 정자는 한 마리랍니다.

왜 의지랑 상관없이 하품이 나오는 거지?

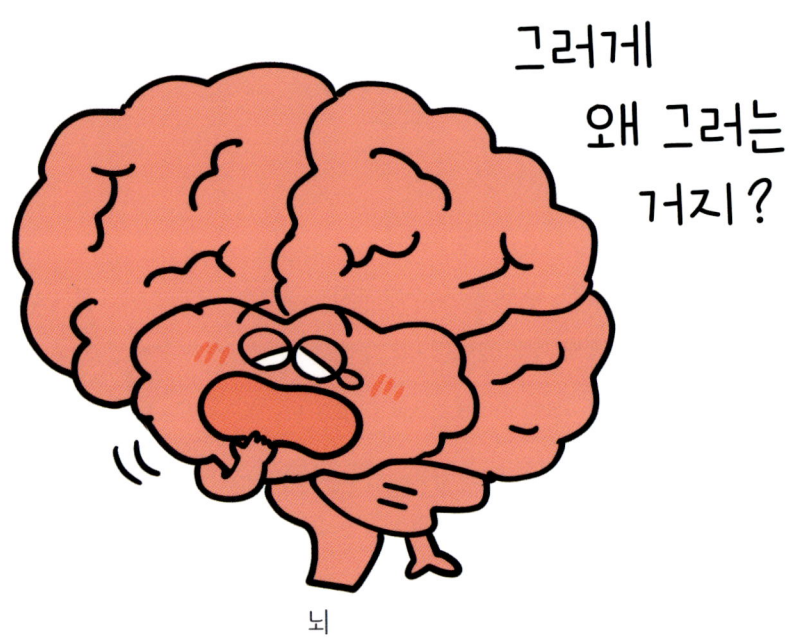

그러게 왜 그러는 거지?

뇌

➡ **과학적으로 밝혀진 건 없어.**

졸리거나 지루할 때 나도 모르게 하품이 나와요. 사실 하품이 나오는 이유는 아직 밝혀지지 않았어요. '뇌에 산소를 많이 배달해서' 또는 '뇌의 온도가 낮아져서' 또는 '입을 벌려서 뇌를 자극하기 위해서' 등 여러 가지 설이 있답니다. 정확한 건 아직 모르겠지만 어쨌든 하품을 하면 뇌가 제대로 작동하게 되나 봅니다.

하품하는 상대방을 가만히 살펴보니 자기도 모르게 하품이 나오는 것 같더라고요. 하품이 나오는 과학적인 이유는 몰라도, 상대방이 지루해하는지 정도는 알 수 있을 것 같네요.

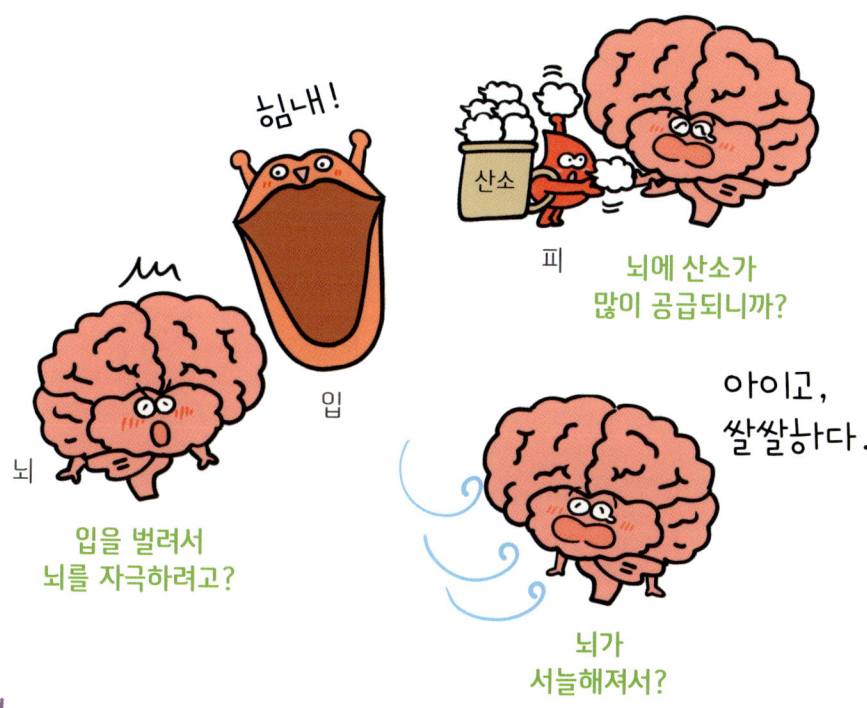

하나 더!

사람이 하품을 하면 강아지 등 반려동물도 따라서 하품을 할 때가 있다고 해요.

어린이는 꼭 일찍 자야 할까?

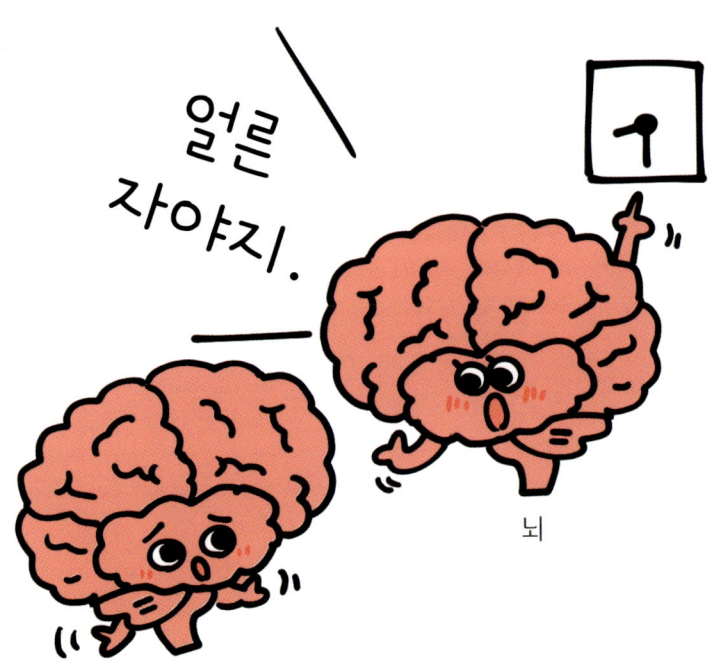

➡ 어른보다 많이 자야 하긴 해.

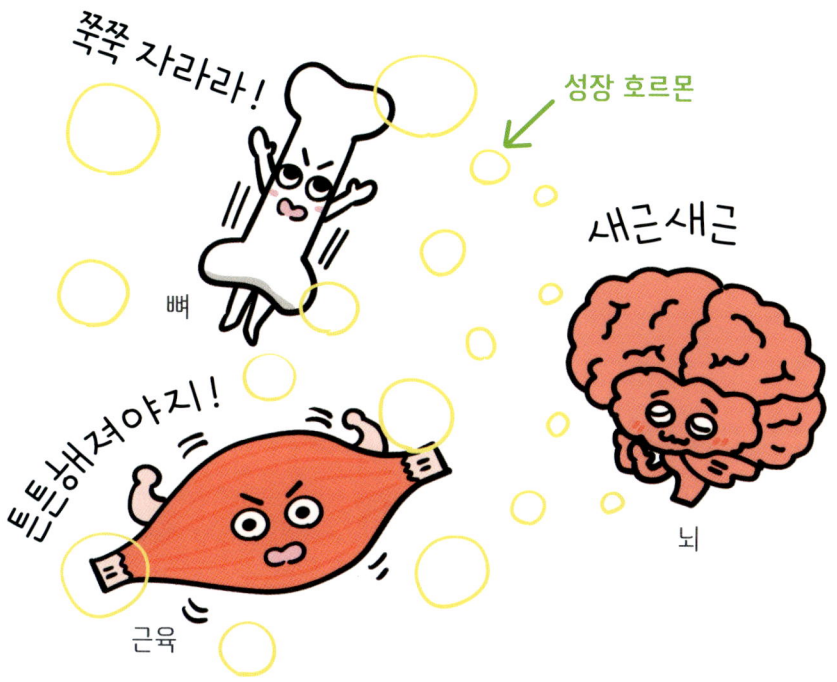

　너무 적게 자면 뼈와 근육이 성장하기 어려워져요. 성장하는 데 꼭 필요한 '성장 호르몬'은 잘 때 뇌에서 나오거든요. '잘 자는 아이가 잘 큰다.'라는 말이 괜히 나온 말이 아니에요. 잘 자는 건 성장하는 데 매우 중요한 일이랍니다.

　사람은 잘 때 깊은 잠과 얕은 잠을 몇 번이나 반복해요. 깊은 잠을 자는 동안에는 뇌와 몸이 모두 쉬게 돼요. 얕은 잠을 자는 동안에는 몸은 쉬지만 뇌의 일부분은 쉬지 않고 움직인답니다.

깊은 잠은 '비렘수면'이라고 불러요. 얕은 잠은 '렘수면'이라고 부르지요.

왜 꿈을 꾸는 걸까?

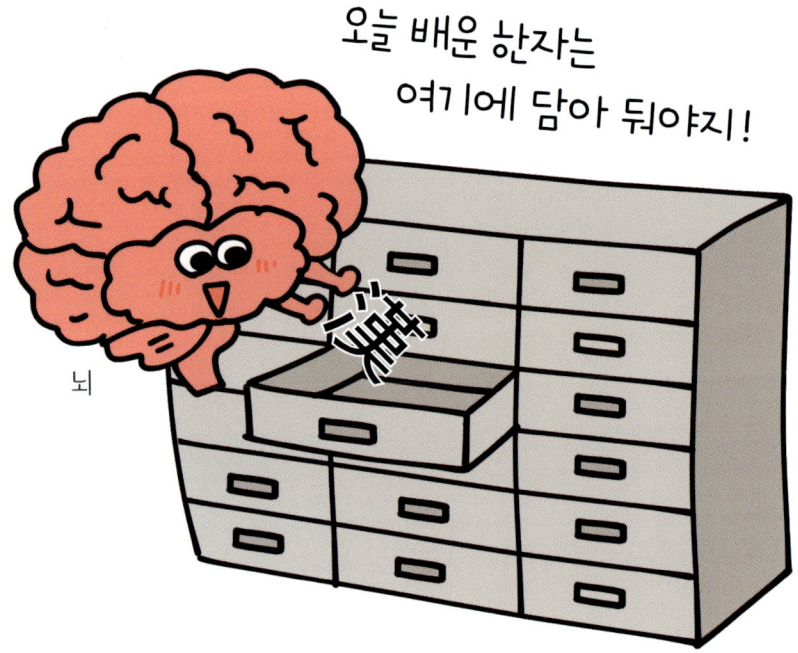

➡ 뇌가 정보를 저장하고 있기 때문이야.

사람은 자면서 매일 꿈을 꿔요. '난 오늘 꿈을 꾸지 않았네.'라고 생각한 날에도 잠에서 깨어난 순간 이미 잊어버린 것뿐이에요.
　자고 있을 때 뇌는 그날 있었던 일 등을 정리해요. 필요한 정보를 기억하기 위해서지요. 이때 정리하는 내용이 꿈으로 나타나기도 해요. 가끔 이상한 꿈을 꾸는 이유는, 뇌가 정보를 정리하다가 섞여 버렸기 때문이라고 하네요. 또한 꿈은 얕은 잠(렘수면)을 잘 때에 보이는 경우가 많다고 해요.

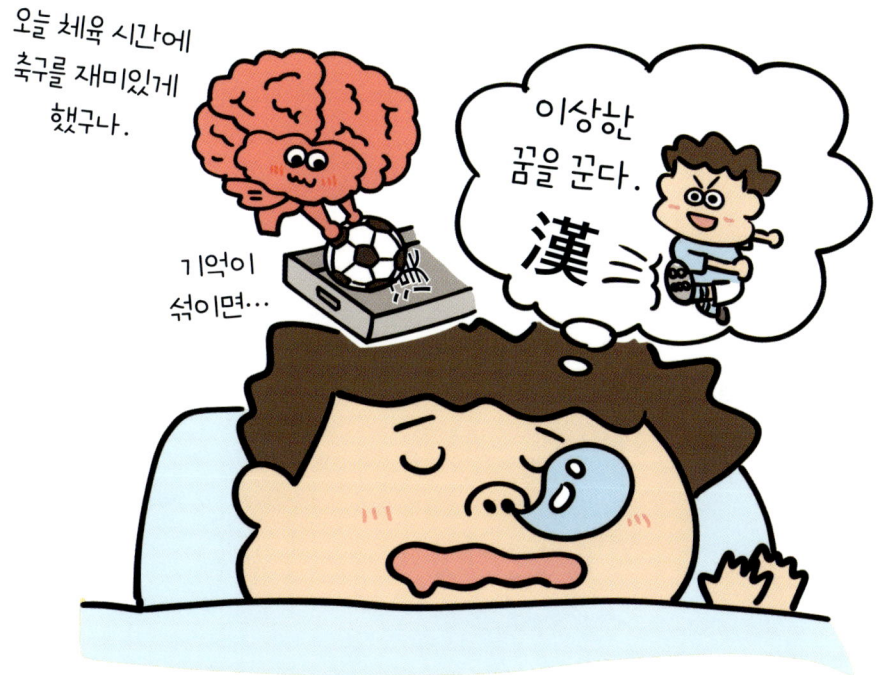

하나 더!

꿈을 꾸는 이유나 꿈의 내용이 어떻게 구성되는지는 아직 전부 밝혀지지 않았다고 해요.

♣ 교과 연계표

교과	학년	단원
과학	3학년 2학기	4. 감염병과 건강한 생활
	4학년 1학기	4. 다양한 생물과 우리 생활
	6학년 2학기	4. 우리 몸의 구조와 기능

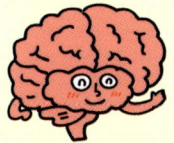

직접 찾아가 보자!

이 책을 읽고 인체에 관해 더 자세히 알고 싶다면 어린이 과학관을 방문해 보세요!

♣ 인천어린이과학관
직접 몸속으로 들어가는 것처럼 인체 탐험을 할 수 있어요.
→ 인천 계양구 방축로 21
→ www.insiseol.or.kr/culture/icsmuseum

♣ 경기도어린이박물관
커다란 인체 모형으로 우리 몸의 구조와 기능에 관해 자세히 알 수 있어요.
→ 경기 용인시 기흥구 상갈로 6
→ gcm.ggcf.kr

♣ 해우재 박물관
화장실, 똥과 방귀에 관해 자세하게 알고 싶은 친구들에게 추천해요!
→ 경기 수원시 장안구 장안로 458번길 9
→ www.haewoojae.com

* 과학관과 박물관의 전시 프로그램은 해당 기관으로 문의해 주세요.

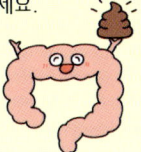

유난히 별나게 나타난 과학 쌤의 유별난 과학 시간

① 몸속에서 튀어나온 인체 선생님
글 페즐 / 그림 쓰보이 히로키 / 옮김 김윤정 / 감수 사에구사 게이이치로

② 지구 어디에나 있는 물질 선생님
글 이진규 / 그림 나인완 / 감수·추천 장홍제

③ 뭉쳐야 사는 생태계 선생님 (근간)
글 이정아 / 그림 윤소진

④ 올려다보면 나타나는 우주 선생님 (근간)
글 페즐 / 그림 쓰보이 히로키 / 옮김 김윤정 / 감수 우라 사토시

⑤ 힘 좀 쓰는 에너지 선생님 (근간)
글 최영준 / 그림 박우희